生命安全的保障和生活质量的提高从翻开此书开始。

U0363648

你身边不可思议的
化学

84 必须知道的个化学常识

左卷健男 一色健司 等◎著

包立志◎译

北京时代华文书局

图书在版编目（CIP）数据

你身边不可思议的化学 ： 必须知道的 84 个化学常识 ／（日） 左卷健男等著；
包立志译． — 北京 ： 北京时代华文书局，2019.6（2021.3 重印）

ISBN 978-7-5699-3002-3

Ⅰ．①你… Ⅱ．①左… ②包… Ⅲ．①化学－普及读物 Ⅳ．① O6-49

中国版本图书馆 CIP 数据核字（2019）第 063166 号

SHITTEOKITAI KAGAKUBUSSHITSU NO JOSHIKI 84

BY TAKEO SAMAKI and KENJI ISSHIKI

Copyright ©2016 TAKEO SAMAKI and KENJI ISSHIKI

Original Japanese edition published by SB Creative Corp.

All rights reserved

Chinese (in simplified character only) translation copyright ©2019 by Beijing
Time-Chinese Publishing House Co.,Ltd.

Chinese (in simplified character only) translation rights arranged with SB Creative Corp.,
Tokyo through Bardon-Chinese Media Agency, Taipei.

北京市版权著作权合同登记号 字：01-2017-8491

你身边不可思议的化学：必须知道的 84 个化学常识
NI SHENBIAN BUKESIYI DE HUAXUE BIXU ZHIDAO DE 84 GE HUAXUE CHANGSHI

著　　者｜［日］左卷健男 一色健司等

译　　者｜包立志

出 版 人｜陈　涛

选题策划｜高　磊

责任编辑｜余　玲

执行编辑｜郭玉平

装帧设计｜手上工作室 段文辉

责任印制｜訾　敬

出版发行｜北京时代华文书局 http://www.bjsdsj.com.cn

　　　　　北京市东城区安定门外大街 138 号皇城国际大厦 A 座 8 楼

　　　　　邮编：100011　电话：010-64267955　64267677

印　　刷｜三河市兴博印务有限公司　　　电话：0316-5166530

　　　　　（如发现印装质量问题，请与印刷厂联系调换）

开　　本｜880mm×1230mm　1/32　　印　张｜6.75　　字　数｜146 千字

版　　次｜2019 年 6 月第 1 版　　　印　　次｜2021 年 3 月第 4 次印刷

书　　号｜ISBN 978-7-5699-3002-3

定　　价｜49.80 元

作者简介

左卷健男

东京大学讲师，原法政大学教授。1949年出生于关东地区的栃木县。毕业于千叶大学教育学系、东京师范大学研究生院教育学研究科。曾任同志社女子大学教授等职。著作包括：《有趣的物理》（PHP研究所）、《透视伪科学》（新日本出版社）、《图解化学"超"入门》（Science I 新书出版社、与他人合著）。

一色健司

高知县立大学地区教育研究中心教授、理学博士。1958年出生。专业为分析化学、水圈环境化学、海洋化学。在大学中，负责基础化学、环境科学、科学文化相关学科的教学工作，致力于通过教学工作，从多样化的角度，理解并强化关于科学素养的认识。

撰稿人简介 （按五十音图排序）

浅贺宏昭

明治大学教授、理学博士。出生于东京足立区。在东京都立大学（现为首都东京大学）研究生院博士课程毕业后，担任日本学术振兴协会研究院、东京都老人综合研究所研究员等职务。2003年开始担任明治大学助理教授。2008年晋升教授，专攻生命科学和生命科学教育专业。在研究生院培训设计研究科，积极开展文理融合等跨学科研究和教育工作。

池田圭一

计算机网络数字摄影相关新闻报道的专业策划和主笔，擅长天文和生物等自然科学领域的自由撰稿人、作家。1963年出生，主要著作包括：《发光的生物——发展速度超乎想象的生物成像技术》《失败的科学》《天文学图鉴》（均由技术评论出版社出版），《水滴和冰晶创造的天空彩虹》（文一综合出版社），《生存基本科学常识》（东京书籍出版社）等。

大庭义史

长崎国际大学药学系教授、药学博士，拥有药剂师资格。1967年出生，专业为分析化学。在宫崎县立日向高中毕业后，先后在福冈、长崎、伦敦居住，后又返回长崎，定居佐世保。在大学开设分析类学科与实习等相关讲座。

大庭先生一直扎根日本西部地区，与立志成为药剂师的学生们共同学习、奋斗。

小川智久

东北大学研究生院生命科学研究科副教授，杂志*Rika Tan*编委。出生于福冈县，研究专业为蛋白质科学、蛋白质工程学、蛇毒蛋白组学。

贝沼关志

名古屋大学医学系附属医院外科集中治疗系，医学博士。1951年出生，1979年毕业于名古屋大学医学系医学科，曾担任藤田保健卫生大学医学系麻醉学教授等职务。专门从事集中治疗医学、麻醉与复苏医学、急救医学。主要著作包括：《麻醉、急救、集中治疗——专业医生的技能》《麻醉、急救、集中治疗的诀窍》《麻醉、急救、集中治疗的秘术》（均由真兴交易医书出版部出版）等。

嘉村 均

神奈川县立高中教员。1959 年出生，主要从事化学教学工作，也负责生物和信息学科的课程。一直积极致力于帮助自主开展学习和学校课外活动的学生们。

泷泽 升

冈山理科大学工程系教授。出生于大阪市，专攻生物工程学中的生物发酵工程学。目前，正在积极从事开发、利用对人体有益的微生物的能力的相关课题研究，同时，他秉承"与大家分享科学的快乐"的理念，以科学志愿者的身份，在日本各地的实验课堂和科技展中发挥自己的作用。在冈山理科大学中，创设了培养学生科学志愿者的"科学志愿者中心"。

中山荣子

昭和女子大学研究生院生活机构学教授、农业学博士。京都大学研究生院农学研究专业硕士毕业，专攻材料学（木材和高分子系）和环境科学专业。曾与他人合作出版《新编地球环境教科书10讲》（东京书籍出版社）、《通往未来的路标"木的时代"即将复苏》（讲谈社）等。

藤村 阳

神奈川工科大学基础和培训中心教授、理学博士。1962 年出生于东京。东京大学研究生院理学系研究科相关理化学专业博士毕业。专门从事气固反应动力学、放射性垃圾处理安全性研究。曾与他人合作出版《基础物理化学》《基础化学 12 讲》（化学同人出版社）等。

保谷彰彦

科普作家、博士（学术博士研究生）。专门从事蒲公英进化和生态研究。组织成立"蒲公英工作室"并担任策划和主笔，以文学创作为中心，持续推进大学讲座和蒲公英研究。主要作品包括：《我的蒲公英研究》（日本 SAELA 书房）、《杂草的秘密》（诚文堂新光社），曾与他人合作出版《外来物种的生态学》（文一综合出版社）、编辑出版《芋头君的提问》（学研教育出版社）等。

山本文彦

东北医药大学教授、药理学博士。1966 年出生于福冈县。专攻放射药理学和分子成像药理学专业。历任九州大学助理教授、美国圣路易斯华盛顿大学客座助理教授、京都大学副教授、东北医药大学副教授，2015 年开始担任现职。山本教授一直致力于向学生传递享受科学之心，希望为社会培养尽可能多的熟悉分子成像领域知识的药剂师和药理学研究人员。

和田重雄

日本药科大学教授、理学博士。1962年出生，专门从事理学和基础科学教育、科学交流、教育方法学、环境教育领域研究。曾任奥羽大学药理学系副教授、巢鸭初中·高中教师，开成初中·高中教师、SEG讲师等，2018年开始担任现职。在大学负责一年级学生的化学和基础科学实习教学。和田非常注重向学生讲解各种学习技巧，并且善于因材施教向不同层次的学生传授符合自身特点的学习方法。

序言

　　一提到"化学物质"，最先浮上您脑海的是什么呢？是人造物质？工厂使用的物质？污染物质？还是化合物？虽然有许多不同的定义，但是它们无一例外都属于化学性物质。换个说法，其实我们身边所有的物质都是由元素构成的，也就是说都是由化学物质构成的。

　　本书将对化学物质进行详细说明，内容将涵盖我们身边所能接触到的危险物质，为我们的生活带来便利的物质，以及我们经常听说但不知道其真实本质的物质。

　　大多数化学物质（下文简称"物质"）或多或少都具有毒性，甚至连占人体体重比约60%的水也不例外。如果人在短时间内过量饮水，有可能会因水中毒致死。但是，我们不能因此将水列为有毒物。一般来说，所谓有毒物是指在一定条件下，即使摄入较少剂量，也会对人体健康造成危害，甚至危及或夺走人生命的物质。有毒物具体分为逐渐显露影响的慢性有毒物和短时间内产生影响的急性有毒物。此外，有毒物还具有致癌性、致畸性（诱发畸形的性质和作用）的特殊毒性。

　　在第1章中，本书将探寻因投毒犯罪或导致中毒事故而臭名昭著的毒性物质的隐秘世界。本章将以早就声名狼藉的氯化钾和砒霜拉开序幕，并就在高封闭环境中由于气体燃烧导致的一氧化碳中毒以及登山时容易发生的硫化氢中毒展开说明。

　　在第2章中，本书将就与环境问题具有紧密联系的物质，比如大气、土壤以及水质等的污染物问题展开思考。具体包括：破坏臭氧层的氟利昂，可能是地球变暖最主要诱因的二氧化碳，以及放射性物质等。

2016年，因为事故频发，为了研究实现核燃料循环利用而建设的"文殊"核电站正面临关停的窘境。此外，本书还想向读者朋友们说明，日本在思考今后的能源问题方面，仍然存在无法回避的、重要的课题。

细菌和植物的光合作用将是第3章的重点。光合作用的主要作用机制是植物以水和二氧化碳为原料，通过吸收太阳能产生糖等有机物。碳水化合物、蛋白质、脂肪（即所谓"三大营养素"）等我们日常生活中不可或缺的营养物质，都离不开光合作用产生的糖。

另一方面，在当今社会中，大约每3个日本人中就有1个是因为癌症而去世的。因此，我们将围绕致癌物质与食物之间的关系展开深入分析。本章中还将关注与我们日常生活密不可分的水，并针对最近成为热点话题的"富氢水"展开说明。

在第4章中，本书将针对我们身边金属材料的循环利用展开分析。在此基础上，将对塑料的循环利用和电池等进行说明。因此，第4章将涉及电气石、锗等"伪科学商品"中常用的概念。

本书在行文中注意了各个部分的独立性，读者朋友们可以从自己感兴趣的部分或者从任意部分开始阅读。在这里，希望大家牢记一点，那就是"量的程度"，也就是摄入多少会造成影响。

例如：焦煳的肉中含有致癌物，但是，如本书中所述，如果是普通的摄入量，并不会导致人体出现任何问题。焦煳物的致癌性较弱，研究人员通过动物实验进行调研的结果是："实际上，一个人如果单纯因为吃烧焦的鱼皮和烤肉中的焦煳物导致患癌，那他需要连续10年～15年，每天吃2万条秋刀鱼。"

此外，为了方便读者阅读，用3页以内篇幅结束每个主题，敬请参考。

左卷健男
2016年10月

CONTENTS ｜目录

第3章 人体生存问题中的化学物质

第1章

事故、犯罪中的化学物质

二战后全球使用率最高的毒药

执笔：左卷健男

根据数字统计，从第二次世界大战之后直至1952年，氰化物高居自杀所用毒药的首位。一旦你向周围的人问起："你知道哪种毒药？"恐怕许多人的第一反应都会回答"氰化钾"，可以说氰化钾是一种众所周知的毒药。

氰化钾（山埃钾）和氰化钠（山埃钠）是最具代表性的氰化物。

●摄入氰化物时

成人经口摄入氰化钾的致死量是 0.15g～0.3 g。摄入后的 1 分钟～1 分半钟的时间内，人就会出现初期症状。比如：头痛、眩晕、脉搏加速、胸闷等。然后，在 3 分钟～4 分钟后，将出现呼吸紊乱、呕吐、脉搏逐渐变弱、痉挛、丧失意识，甚至死亡。

氰化钾和氰化钠进入胃后，会与胃酸（稀盐酸）发生反应，产生含有剧毒的氢氰酸（氰化氢）气体。之后，氰根离子（氰化物离子）将与三价铁离子（Fe^{3+}）发生反应，形成稳定的化合物，从而干扰与细胞呼吸密切相关的酵素——细胞色素氧化酶的工作，导致细胞无法呼吸。此外，还会急速侵犯脑呼吸中枢，在短时间内致人死亡。

●氰化物的利用

氰化物在我们日常生产和生活中扮演着重要的角色。在金矿石中，金会以细小颗粒的形式零散分布在石英等岩石内。如果将矿石打磨成粉末，并用空气吹入氰化钾水溶液中，金元素就会溶解。如果在溶液中放入锌，那么锌就会逐渐溶解，而金则相应会凝固成型。人们往往通过这种方法来炼金。

在实施电镀时，为了确保镀层平滑均匀，必须充分发挥氰化物的作用。人们往往使用氰化钾或氰化钠的浓溶液作为金、银、铜等的电镀液。

●自然界中存在的氢氰酸毒物

最后，希望提醒广大读者注意的是自然界中是存在氢氰酸毒物的。酸梅、杏、桃等的果仁中，含有一种名为"苦杏仁苷（扁桃苷）"的生氰糖苷（氢氰酸与糖的化合物），它可以通过酵素分解成为氰醇。氰醇会进一步分解为毒性更强的剧毒物质氢氰酸气体（氰化氢）。

在欧美各国，曾发生过多起误食生杏仁或扁桃仁导致中毒的事故。如果儿童食用5～25粒生杏仁，就可能致死。多年以来，这些果仁一直被作为止咳药使用，但是切忌食用过量。

图片：我们身边的生氰糖苷

杏的果肉味道甜美，但是杏仁中含有生氰糖苷，它既能入药，亦可导致中毒。

铊元素的光和影

执笔：山本文彦

　　在当今世界中，由于误食铊化物导致中毒的事故仍然屡见不鲜。此外，由于铊元素无色、无臭、无味，不易被发觉，因此，往往被犯罪分子利用作为投毒工具。在历史上，使用铊进行投毒犯罪的案例就有因书刊杂志和电视报道而名噪一时的格雷汉姆·杨[①]连环投毒案、1981年的日本福冈铊毒案[②]、1991年的日本东京醋酸铊投毒杀人案[③]等。2005年，在日本静冈县，也发生了不满18岁的学生企图使用硫酸铊对其生母投毒的谋杀案件。此外，2014年，在日本爱知县，审理涉嫌谋杀的大学生嫌疑犯时，还发现其在高中读书期间，曾企图使用硫酸铊毒杀同县的同学。

[①]　英国连环投毒杀手，1947年出生。1961年，年仅14岁时就开始在家人身上试验各种毒药，成年后更是投毒杀害数十人，其中包括他的继母。杨习惯将投毒杀人的经历详细记录下来，因此，被拍成电影而广为人知。

[②]　1981年，日本福冈大学医学系附属医院临床检查一科生化检查室技师井上弘幸在福冈市西区的家中自杀，之前，由于其投毒导致7名检查技师同事发生铊中毒。

[③]　1991年2月14日，东京大学医学系技术官员中村良一因被投铊毒导致身亡，其对主治医生称可能是被同事投毒，但是直到两年半后，涉嫌投毒谋杀中村的其上司伊藤正博才被逮捕，据悉两人之间存在激烈的矛盾，促使伊藤最终毒杀了中村。

以前曾被用作脱毛剂

关于铊元素，除了在自然界中少量存在，还可以通过提炼铜或锌得到。其作为具有剧毒的重金属之一而广为人知。成人在摄入100 mg的铊后，就会出现中毒症状，其致死量在600～900 mg之间。19世纪中叶人们最先在英国硫酸工厂的残留物中发现了硫酸铊，并在此后将近100年的时间内，将其用作治疗皮肤病的脱毛软膏。由于使用硫酸铊的过程中曾发生过多起中毒事故，因此，现在已经基本上不将它用作药品了。

图片：头部X射线CT影像和使用放射性氯化铊的肿瘤闪烁扫描影像

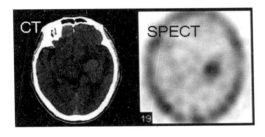

（由京都大学医院栗原研辅提供）

●铊发挥毒性的机制

铊不仅会通过消化道，还会通过皮肤和气管黏膜进入人体。在人体摄入后的12小时～24小时内，就会出现神经病学体征、呕吐、腹痛、感觉障碍、运动障碍等。严重时会诱发痉挛，甚至导致呼吸困难、循环障碍，直至死亡。如果大量摄入，在5日～14日内，会出现成束脱发的症状。铊在人体内的工作机制与钾极为相似，因此，摄入后会与钾发生抑制性竞争，干扰钾在神经、肝脏、心肌线粒体内的正常工作，从而导致人体中毒。此外，铊还会导致酶素丧失作用，无法合成蛋白质和角蛋白，并与维生素B_2结合，诱发脱发和神经炎等。由于铊会通过尿液或大便排泄，因此，我们可以通过检查尿液和大便查明一个人是否铊中毒。在确认中毒的情况下，应通过洗胃或灌肠、血液透析等解毒，可以使用碘化钾溶液等方式进行治疗。

● 应用于最新医疗领域的放射性铊

虽然铊总给人一种危险的感觉。但是，您知道吗？铊还可以用于医疗领域的疾病诊断。在向人体注射放射性氯化铊注射液后，使用特制相机对来自体内的放射线进行成像处理，借此可以对心脏疾病、脑肿瘤以及副甲状腺疾病进行诊断。放射性氯化铊中的铊含量大约为 $2\,\mu g$ 以下，由于摄入量极低，不会导致人体中毒症状。

蠢人才用砒霜，但它不仅仅是毒药

执笔：山本文彦

砷在自然界中的分布非常广泛，人体内也含有极为微量的砷，因此，可以说砷是生活中不可或缺的元素。但是，我们印象中的砷，往往是砒霜之类引起中毒事故和环境污染等严重毒害问题的元凶。

除日本以外，许多国家一直以来也都有砷中毒问题，其牵涉范围非常广泛。从很久以前开始，人们就有一种"一提到毒药就想到砒霜（三氧化二砷）"的感觉，可以说砒霜就是毒药的代名词。在推理小说和影视剧中，更是屡屡上演砒霜中毒的场景，甚至在战争中，也有将有机砷化合物作为化学武器使用的先例。此外，在日常生活中，还发生过井水中含有砷分解物，导致人体健康受到危害的案例。

● 最恐怖的当属亚砷酸盐

在毒性方面，无机砷要比有机砷强，其中最强的当属亚砷酸盐。当人在亚砷酸盐急性中毒的情况下，数十分钟至数小时内，就会出现腹泻、呕吐、全身痉挛等症状，甚至导致死亡。当人在亚砷酸盐慢性中毒的情况下，皮肤会出现疹子或炎症等症状，并逐渐加重，引起感觉障碍和运动障碍。当亚砷酸盐在体内转化为亚砷酸后，往往最容易与蛋白质的SH（硫醇）基发生反应。砷一旦与SH基结合，酵素等许多蛋白质就会丧失正常功能，从而诱发癌症和死亡。

作为发生频率较高的砷中毒的解毒药——二巯基丙醇广为人知，

它可以与砷结合，具有解毒作用。

● 易于检测发现

砷往往易于被检测发现，又被戏称为"愚人使用的毒药"，特别是人的头发和指甲中，非常容易残留砷毒素，因此，只要有一根头发，就可以很快检查出是否砷中毒。历史上著名的拿破仑死因之谜[①]，就是对长期保存的拿破仑的头发进行分析后，才掀起了其被砒霜毒杀的猜测与怀疑。现在，已经很难买到砷化合物，因此，一旦砷化合物用于犯罪，罪犯很快就会被缉拿归案。

表 **砷化合物的实例**

无机砷化合物	亚砷酸	砷酸
有机砷化合物	三苯砷	二甲砷酸

---

① 19 世纪 20 年代，法国皇帝、著名的军事家拿破仑·波拿巴死后，科学家们才从他的身上检验出砒霜，并意识到这种有毒物质的致死作用。拿破仑刚死的时候，官方的定论是他患胃癌而死。但一些科学家却认为，拿破仑卧室的壁纸中含有一种绿色的涂剂，随着壁纸逐渐受潮腐烂，这种涂剂中掺杂的砷成分就会逐渐氧化并以蒸汽的形式挥发出来，这才是导致拿破仑死亡的根本原因。因此，拿破仑之死就成为了一个历史谜团。

●现代社会不可或缺的砷

砷除了有毒性，在日常生活中还扮演着不可或缺的重要角色。由于电流在砷中的速度较快，因此，人们在硅中添加微量的砷制成半导体，并应用于手机和电脑中。相关报告显示，科学家们正在开发一种新技术，通过使用镓元素和砷元素制成半导体膜，可以将太阳能发电的能力提升两倍以上。在可再生能源的技术领域，砷也是万众瞩目的元素之星。

厕所、温泉和下水道为什么容易致人死亡？

执笔：一色健司

所谓"温泉中的硫臭味"其实就是硫化氢发出的气味。在自然界中，硫化氢广泛存在于火山、温泉喷发出的气体内。此外，在学校的化学实验中，也经常会出现这种带有臭味的气体，大家应该会比较熟悉。如文末表所示，硫化氢毒性的特征主要体现在下述方面：一是少量吸入时也会感到不适或受到刺激；二是高浓度吸入时有较高的致死率；三是持续吸入时会习惯臭味，并且在不知不觉间就大量吸入人体了。

● 硫化氢中毒事故频发不止

在下水道、污水池等多种有机物聚积的场所，容易产生大量的硫化氢，由于硫化氢比空气重，不易溶于水，因此，往往会滞留在密闭空间中。此外，如果搅动含有大量硫化氢的淤泥，就会向密闭空间中一次性大量释放硫化氢气体。在这类场所中，每年都会发生多起硫化氢中毒事故，甚至会导致多人死亡。与此同时，每年还会偶发一些由于火山、温泉喷放硫化氢导致中毒死人的事故，虽然次数不多，但确有发生（请参照下一节）。

● 对于硫化氢的知晓率[1]，高得出人意料

从 2007 年开始，使用硫化氢自杀的人数急剧增加。为什么恰恰

---

① 调查人群中知道的人和总人数的比率。如共调查 400 人，有 100 人知道某件事，这件事的知晓率就是比率 100÷400×100%＝25%。

是2007年之后呢？恐怕还是由于从那个时候起，依靠互联网渠道购买的家庭生活用品就可以自制硫化氢气体的方法开始变得为人所知，并且，大家普遍认为这种自杀方法的成功率较高。普通家庭的浴室体积大概仅有几立方米，只要在浴室内产生10g以下的硫化氢，就可以达到0.1%的致死浓度。因此，2008年4月30日，日本警察厅正式向供应商下达通知，将介绍硫化氢气体制造方法并教唆人们制造或使用的信息列为"有害信息"，并建议其采取适当的处理措施。

表 **硫化氢的毒性**

浓度 （单位：ppm） 1ppm=10^{-6}	作用
0.02~0.2	达到《恶臭防止法》中规定的硫化氢在大气浓度中的限制值
0.3	普遍可以闻到臭味
3~5	产生不适感
10	《劳动安全卫生法》中规定的容许浓度（对眼黏膜造成刺激的最低值）
20~30	由于逐渐习惯，不会感到浓度增加
50	导致结膜炎等眼部损伤
100~300	嗅觉迟钝
170~300	呼吸道黏膜疼痛
350~400	持续大约1小时，有生命危险
800~900	休克、停止呼吸、死亡
5000（=0.5%）	立即死亡

出处：自中央劳动防灾协会《新型缺氧危险作业主任教科书》选摘，并进行了部分改编。

● **在发觉硫化氢的异常臭味后**

在硫化氢自杀事件中，进入现场抢救自杀者的救援人员有可能会连带中毒，自杀现场周边也可能会弥漫异臭气味，往往会对相关人员和周边居民带来巨大伤害，因此，避免硫化氢气体中毒逐渐成了社会舆论关注的焦点。为了避免遭受连带伤害，读者朋友们应注意下述事项：在持续闻到硫化氢的恶臭味后，请勿随意靠近恶臭源头附近区域。在室内闻到恶臭后，应避免开窗换气，并立即联络消防部门，这一点至关重要。

攀登火山会离奇中毒？

执笔：贝沼关志

最近，社会上掀起了一股中老年人登山运动的热潮，一旦遇到恶劣天气，很可能会发生事故，尤其是攀登火山经常会莫名其妙发生安全事故，因此，登山过程中的安全防范备受舆论关注。但是，大家还是希望可以既安全地登山又能享受登山带来的快乐。

2010年6月，在青森县的八甲田山山腰地带的酸之汤温泉附近，一名进山采摘野菜的女中学生突然晕倒，同行的伙伴发现后，立即向消防部门报案。但是，该女生还是不治身亡，包括在其附近活动的小学生在内的3名男女均出现身体异常，被送往医院。由于救援人员在现场附近闻到了恶臭味，因此，可以判断此次事故的诱因是火山有毒气体。

13年前，也就是1997年7月，在八甲田山脉训练的1名日本自卫队队员坠入火山有毒气体聚积的洞穴，其他试图救援的队友先后晕倒，最终导致3人死亡，19人领取特殊津贴。

除此以外，从北海道至冲绳县，人们可以在各种各样的场所观测到火山有毒气体。

●火山气体为什么这么危险呢？

所谓"火山气体"是指从火山喷气孔喷发出来的气体，其中除了包含水蒸气和二氧化硫以外，还含有硫化氢、氯化氢、二氧化硫等多种对人体有害的气体。

硫化氢具有刺激性气味，低浓度时具有类似于臭鸡蛋的气味，如果吸入浓度超过50×10^{-6}的硫化氢气体，就会对眼部和呼吸道造成强烈刺激，随着吸入浓度的升高，还会导致人意识不清和呼吸困难（参照上一节）。

想必读者朋友们对二氧化碳都非常了解，它是空气中含有的气体，浓度大约为0.04%。这一浓度不会对人体造成直接影响，但是，如果吸入10%浓度的二氧化碳，就会造成视觉障碍和全身发抖，如果吸入30%的浓度，就会导致休克，丧失意识。为什么会这样？因为二氧化碳本身是具有毒性的，再加上二氧化碳浓度增加的同时人体缺氧就会造成以上后果。

另一方面，氯化氢和二氧化硫具有刺激性臭味，比较容易被我们发现。但是其毒性非常强，我们一定要提高警惕。

●哪里容易聚积有毒气体呢？

在常温条件下，火山有毒气体一般比空气重，因此，容易沉入低洼处，并逐渐聚积起来。山谷是气体移动的通道，山谷越狭窄，气体累积得就越厚。我们在风力弱的地方，要格外小心。受地形因素影响，地表整体温度比气体温度低，气体就容易向下流动，地表整体温度比气体温度高，气体就容易扩散。

许多人攀登到火山喷气孔时，都想将头伸进去闻一闻是否有臭味，殊不知这么做非常危险！一旦有人因此晕倒，应立即将其转移至空气新鲜处，输入100%纯氧并实施人工呼吸。

活火山周边一般都有温泉，并且山脉连绵起伏，风景旖旎，因此，在登山客和游客中间非常受欢迎。风景秀丽的活火山带给人巨大的恩赐也潜藏着巨大的危险，我们必须给予充分注意。

朋友们去活火山附近游玩的时候可以通过日本气象厅和当地政府机构等的网站，以及面向登山游客的揭示板等，确认火山有毒气体信息，做到除了安全的山路，决不涉足存在风险的地区。

冬天室内取暖要谨防"急性一氧化碳中毒"

执笔：贝沼关志

在日本国内发生的中毒致死事故中，急性一氧化碳中毒是数量最多的致死原因之一。无论是由于火灾现场和室内采暖设备燃烧不充分导致的事故，或是使用木炭炉取暖导致的事故，还是劳动事故，一氧化碳中毒事件一直以来都呈多发趋势。不仅如此，近年来还频繁发生"模仿互联网上的新闻报道和相关信息，在单厢车①等密闭空间中，烧炭自杀"的事故。在缺氧的状态下，燃烧炭或含碳化合物就会产生一氧化碳。

● 要密切注意一氧化碳的浓度

空气中的一氧化碳浓度为 $1\times10^{-6}\sim10\times10^{-6}$。如果增加至0.4%，人在30分钟内就会死亡。而我们已知石油产品燃烧不充分产生的一氧化碳浓度大约为5%。我想大家都很清楚，在密闭房间中，发生石油产品燃烧不充分有多么危险。汽车尾气中含有1%～7%的一氧化碳，火灾现场的一氧化碳浓度有时可达到10%，这些危险都是实实在在

---

① 单厢车：One box car，按车型结构分类，家用小汽车可分为三厢车、两厢车、单厢车。单厢车是在两厢车的基础上发展而来。它的前部发动机舱进一步缩短，变得很不明显，其发动机盖与风挡玻璃几乎成一斜面，整个车身像一个大箱子，与面包车较相似。

的，大家在生活中也容易接触到这类情况。但是，与空气中的氧浓度（20.9%）相比，一氧化碳的浓度相对较低，为什么它的毒性会那么强呢？

● 对人体有害的原因

一氧化碳与血液中血红蛋白结合的能力非常强，是氧气的250倍左右，因此，它会将与血红蛋白紧密结合的氧气挤出体外。这样一来，与一氧化碳结合的血红蛋白（CO-Hb）就会逐渐增加，一旦与一氧化碳结合的血红蛋白超过50%，就会导致人体意识不清，发生痉挛，甚至停止呼吸。当吸入体内的一氧化碳浓度达到0.08%时，就会出现上述情况。

图　剧毒物等导致事故的分类

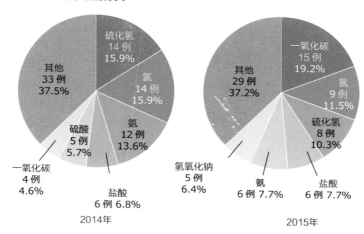

2014年　　　　　　　　　　　　2015年

虽然一氧化碳和血红蛋白非常容易结合，但是，这并不意味着吸入一氧化碳后，CO-Hb的含量就会激增。当您出现头痛、疲倦、眩晕等症状时，应立即换气，这一点非常重要。假设空气的密度为1，那么一氧化碳的密度就是 0.97，与空气非常接近，如果及时进行换气，一般情况下一氧化碳会逐渐向外散去。当我们发现由于一氧化碳中毒昏迷的患者时，在日本的标准处理方法是立即拨打119，中国应该拨打120，并对昏迷人员实施心肺复苏术。之后，应在急救车和医院里实施救援，如果昏迷者暴露在高浓度一氧化碳内的时间较短，那么他就可能获救。

漂白剂瓶子上为什么要说"危险！严禁混合！"呢？

执笔：大庭义史

在日常生活中，人们广泛使用漂白剂对衣物和餐具等日用品进行漂白、消毒或杀菌处理。漂白剂主要分为氯漂白剂和氧漂白剂两种。其中，氯漂白剂的漂白效果极强，因此，在厨房常被用来杀菌和祛除茶渍，在洗衣时常被用来祛除白色衣物的黄渍，在浴室常被用来祛除霉菌，在厕所常被用来除菌、除臭和强力清洗等。无论哪种情况下，漂白剂的瓶子上都会明确标注"危险！严禁混合！"字样，来提醒大家注意安全。那么，漂白剂究竟与什么混合会导致危险呢？具体又会带来怎样的危险呢？

●这种情况下会导致危险

由于漂白剂并不具备洗涤剂的效果，因此，人们在清扫厕所和浴室时，有时会同时使用漂白剂和洗涤剂。此时，就会混用氯漂白剂和氧洗涤剂，从而产生氯气。氯气是由氯漂白剂中的次氯酸钠和氧洗涤剂中含有的氢离子发生反应产生的。氯气是一种带有独特臭味的黄绿色气体，它的主要用途是对自来水和游泳池进行杀菌、消毒处理。但是，如果吸入或接触高浓度的氯气，会刺激人的皮肤、眼睛、呼吸器官等的黏膜，导致咳嗽和呕吐，严重时甚至会致死。

此外，禁止与氯漂白剂混用的不仅仅是氧洗涤剂，还包括食醋和柠檬汁等酸性物质和溶液，它们会与氯漂白剂发生反应产生氯气。因此，需要特别注意禁止将这些物质混合。

在管道疏通剂等含有次氯酸钠的溶液中，也会粘贴"危险！严禁混合！"的标识，因此，同样要给予注意。

什么是"病屋综合征"？

执笔：中山荣子

人们将居住环境中存在的各种污染物质导致的健康危害统称为"病屋综合征"。出于节能考虑，现在的住宅往往强调高气密性和高隔热性，与以前的建筑相比，基本没有通风和换气，并且，在施工过程中，经常使用将各种化学物质作为溶剂和黏合剂的新型建筑材料和工艺，因此，"病屋综合征"这一说法才会流行起来。不仅在公寓住宅方面，在学校和办公室等空间内，这一问题也越来越明显，欧美各国将其称为"大楼病综合征（SBS）"。

●症状、病因实例、应对措施？

大家非常担心"病屋综合征"的病源物质不仅会诱发化学物质过敏症和低浓度中毒症状，还可能加重既有疾病的病情。其致病原因和症状千差万别，发病机理等也存在许多不明之处，难以与不定陈诉综合征①和更年期障碍②区分开来。

---

① 英文名：unidentified clinical syndrome，不定陈诉综合征是全身倦怠、疲劳、头痛、心悸、睡眠障碍、胃肠功能不良等不固定的多项主诉，但无相应的病变者。
② 英文名：climacteric disorder，妇女 45 岁～ 50 岁开始步入更年期，常会出现热潮红、心悸、情绪不稳定、皮肤萎缩等症状。这是由于女性荷尔蒙逐渐停止分泌，所以造成月经逐渐不规则的现象。

"病屋综合征"的致病原因主要包括：以甲醛为代表的从建筑材料中挥发的化学物质，从家具、隔断等物品中使用的阻燃材料和黏合剂中挥发的化学物质，来自蜱虫、霉菌等生物的致病物质，以及化妆品和防虫剂等日常用品。

　　日本政府采取了一系列措施应对"病屋综合征"，比如：2003年通过了新修订的《建筑标准法》并施行。随着法令的修订和通过，JIS①和JAS②中规定的建筑材料释放的甲醛等级标识也发生了变更。作为普通大众，我们能采取的最简单的应对措施就是"注意充分换气"，并且不选择含有可能致病物质的产品。

---

① 日本工业标准的简称，由日本工业标准调查会组织制定和审议。
② 日本有机农业标准的简称，是日本农林水产省对食品农产品最高级别的认证，即农产品有机认证。

"化学物质过敏症"是什么?

执笔:中山荣子

关于化学物质过敏症(CS),北里大学医学系名誉教授石川哲及相关学者将其定义为:"有的人在持续接触某种特殊化学物质后,即使再接触少量同类化学物质,也会发生头痛等症状的状态。"究其原因,主要是"由于过去曾暴露在大量的化学物质中,导致超出身体耐受极限。只是致病的并非某种特殊物质,所有的化学物质都可能成为致病因素"。

"化学物质过敏症"与"病屋综合征"(参照上一节)极为相似,但是,不同的是"病屋综合征"是建筑材料和装修材料挥发出的有机化合物导致的健康疾病的总称,而"化学物质过敏症"并没有特别的致病源。

● 主要症状

包括出汗障碍、手脚冰冷等自主神经系统症状;失眠、焦虑、抑郁状态等精神症状;运动障碍、感觉功能异常等末梢神经系统症状;喉咙痛、干哑等呼吸系统症状;痢疾、便秘、恶心等消化系统症状;黏膜刺激症状等眼科系统症状;心跳过速等循环系统症状;以及皮炎、哮喘、自体免疫疾病等免疫系统症状。

● 应对措施

关于化学物质过敏症,目前仍有许多待解之谜。个人怎么处理过敏呢？首先，最重要的是减少人体摄入致病化学物质的总量。如果有过敏症的人在身边发现了相应物质，应尽早对它们进行处理。同时应尽量避免在身边放置无用的化学物质。此外，在购买家具时，应检查其使用的黏合剂或涂料是否合格。室内经常换气和清扫，对预防过敏症也非常有效，可以在室内预设通风孔道。目前，业内正在研发具有吸附或分解污染物质功能的墙壁材料以及空气净化材料等。

● 所有患者真的都是化学物质过敏症吗？

2003年，日本厚生劳动省抽调专家学者组成了"室内空气质量对健康影响研究会"，针对化学物质过敏症进行梳理分析，提出了独到见解。该研究会明确指出："有时，在可以用既有过敏症状等说明的情况下，不管是否能够明确判定有化学物质参与，都将患者诊断为化学物质过敏症。"希望可以研究出新的检查方法。

表　致病化学物质的实例

物质名称	主要用途
甲醛	胶合板等的合成树脂、黏合剂、防腐剂
毒死蜱	有机磷类白蚁杀虫剂
甲苯	黏合剂和涂料等使用的溶剂
邻苯二甲酸	涂料、壁纸等的塑化剂、防虫剂等
磷酸三丁酯	窗帘等的阻燃剂、溶剂、塑化剂、防沫剂等

2004年2月，日本环境省使用双盲法，对化学物质过敏症实施了流行病学调查，并以《原发性多种化学物质过敏状态调查研究报告》的形式，对外公开发表。其中，明确指出："在所谓化学物质过敏症

患者中，并未发现患者在标准值一半以下的极微量甲醛中暴露与发生相关症状之间存在关联性。与此同时，在所谓化学物质过敏症中，却发现了由非化学物质（蜱虫、霉菌、心理因素等）导致发病的病例。"但是，根据动物实验的结果，不能排除微量化学物质带来的影响，还需要进一步展开研究。

农药使用需谨慎

执笔：和田重雄

在我们身边，存在各种各样可能对人体造成影响的物质。其中有些甚至还会给人体带来危害。比如用来培育蔬菜和水果的农药，它们究竟是什么样的物质呢？在现实中又会对我们的生活带来怎样的影响呢？

在培育蔬菜和水果的过程中，往往会使用农药。常用的农药有杀虫剂、杀菌剂、除草剂、杀鼠剂（老鼠药）等。这些农药可以阻碍包括细菌等微生物在内的生物发育，甚至具有致死能力。我们人类也是生物，当然也存在受到这些物质毒性危害的可能。

●农药中毒与安全性评估

事实上，在20世纪60年代以前，日本国内经常发生农药中毒事件，之后人们开始使用毒性较小的农药。自此，由农作物导致的农药中毒患者数量大幅减少。现在允许使用的农药，都要经过安全性评估，也就是根据《农药取缔法》，从对农药使用者的安全性（诱发急性中毒的可能性）、对农作物的安全性（对农作物成长和质量的影响）、对农作物本身的安全性（对人体健康的影响）以及对环境的影响（对土壤、水等环境或生态系统的影响）等因素出发，进行评估。特别是，综合考虑各种因素，就农药对人体的影响进行了多种试验，比如：农药残留的致癌性试验、对胎儿影响试验（致畸性试验）等，最终允许使用的都是安全性较高的农药。

●为什么要使用农药?

说到这里，恐怕有不少读者都会怀疑，在培育农作物方面，是否真的有必要使用农药呢?

在人工环境下采取单一方式栽培某种特定的农作物，很容易发生病虫害或生长杂草，如果坐视不理，就无法保持农作物的生长质量。例如：被虫子蛀食的卷心菜往往会滞销。

在防止农作物病虫害和去除杂草方面，最简单、经济的方法就是使用农药。此外，从减轻除草等农活负担和提高生产力的角度来看，使用农药也是非常有效的手段。按理来说，生虫子是蔬菜没有使用农药的最好证据，但是，这样的蔬菜却并不适合被摆上货架或者向餐厅供货。

时至今日，仍然会不时出现农药致人死亡的情况。但是，这类事件多数都是由于有人用农药自杀或误服导致的。近年来，在正常喷洒农药过程中，几乎没有出现致人死亡的情况，中毒事故的数量也远远低于误饮或误食导致的中毒数量。

表 **农药导致中毒的实例**

●将农药装入聚对苯二甲酸乙二醇酯瓶（或水桶）中，导致误饮
●将农药保存在冰箱中，被误认为饮料，导致误饮
●痴呆症患者将农药当作饮料误饮
●使用土壤熏蒸剂，但未覆盖薄膜（或者虽然覆盖薄膜，但气温过高），导致挥发泄漏，遭到附近居民投诉影响他们的身体健康

➡ 在农田或其他场所使用农药时，应密切注意作业规范和管理工作。必须将农药与饮料或食物分开保管，并且存放在可上锁的场所。

摘自：农林水产省发布的《关于伴随农药使用发生的事故和灾害》（2014年度）

霉菌好可怕

执笔：保谷彰彦

　　霉菌几乎存在于我们身边的每个角落，我们一般将其与蘑菇归为同一菌类。一方面许多霉菌可以在食品和药品中发挥对我们有利的关键作用；但是，另一方面，构成霉菌的某些物质又会导致人或动物中毒，我们将其称为霉菌毒素或者真菌毒素（mycotoxin）。

●令人不寒而栗的黄曲霉素（aflatoxin）

　　据统计，现在已经明确的霉菌毒素有300种以上，其中我们最常听到的当属黄曲霉素。它是由黄曲霉菌属的Aspergillus flavus（黄曲霉菌）、A.para siticus（寄生曲霉菌）以及A.nomius（特异曲霉菌）形成的霉菌毒素，因存在于天然物质中并具有强致癌性而广为人知。1960年春季至夏季，在英国①的英格兰地区曾发生十几万只火鸡大规模死亡的事件，其死因是火鸡食用了发霉的花生粉，导致黄曲霉素中毒，因此该事件备受舆论关注。2004年，在肯尼亚同样发生了黄曲霉素中毒事件，导致300余人出现黄疸等症状，其中，125人最终死亡。此外，相关报告显示，人在长时间持续少量摄入黄曲霉素的情况下，

---

① 英国指：大不列颠和北爱尔兰联合王国，包括英格兰、苏格兰、威尔士和北爱尔兰。

体内会产生慢性毒性，诱发原发性肝癌的可能性会显著升高。

黄曲霉素中至少含有10余种化合物。从毒性角度来看，需要特别注意黄曲霉素B_1、B_2、G_1、G_2、M_1和M_2。其中，黄曲霉素B_1的毒性非常强，它可以与DNA结合，导致基因突变，并阻碍基因复制，成为致癌的重要原因。在大量摄入黄曲霉素后，无论人还是动物都会发生急性肝功能障碍，主要症状包括黄疸、急性肝腹水、高血压、昏迷等。

●黄曲霉素究竟隐藏在哪里呢？

此前，在日本国内，将检测出黄曲霉素B_1含量超过10μg/kg的食品列为管制对象。但是，在现在的《日本食品卫生法》中，考虑到国际上的最新动向，新规定为"食品的总黄曲霉素（B_1、B_2、G_1、G_2总量）含量不得超过10μg/kg"。

我们在许多食品中都检测出过黄曲霉素，比如：花生、玉米、薏仁、荞麦粉、肉豆蔻、白胡椒、开心果（pistachio nuts）、干果、天然奶酪等。从世界范围来看，黄曲霉素也频繁对农副产品造成污染。此外，有时还会发生奶酪受到污染的问题，当奶牛摄入被黄曲霉素污染的饲料后，其体内的黄曲霉素B_1会代谢为M_1，如果使用含有M_1的牛奶制作奶酪，就会造成农副产品污染。

产生黄曲霉素的菌株分布呈现出一定的地域特性。在南美洲、非洲、东南亚等地区，黄曲霉素对农副产品的污染非常严重，与之相对，在日本和欧洲北部地区，几乎从未发生过类似污染。相关报告显示，黄曲霉素污染地区主要分布在年平均气温高于16℃的温暖地带。

由于我们在日常生活中很难分解或去除黄曲霉素，因此，最明智的做法就是不吃发霉的坚果等食品。这个做法适用于所有含有霉菌毒素的食品，凡是发霉、过期的食品我们都应该畏而远之。

蘑菇，美味有毒一线牵

执笔：保谷彰彦

在日本国内，有正式名称的蘑菇有3000多种。其中，具有毒性的蘑菇有300多种，食用后会致死的剧毒蘑菇有30多种。据推算，如果算上还没有被命名的蘑菇，日本国内的蘑菇种类会达到5000~10000种。因此，我们随时都有可能发现新的毒蘑菇。

关于毒蘑菇，我们有许多认识误区（如文末表格所示）。令人遗憾的是，迄今为止还没有一种可以简单区分出毒蘑菇的方法，我们只能借助专家的力量，认真地逐一学习分辨。

●频繁导致中毒的蘑菇主要有3种

在日本国内，导致中毒较多的蘑菇主要有：月夜蕈（又称日本北风菌）、褐盖粉褶菌、褐黑口蘑等3种。这3种毒蘑菇引起的中毒事故约占日本蘑菇中毒事故的60%。

月夜蕈丛生在山毛榉、橡树、槭树等的枯木中，其外形和颜色与香菇、伞菌、冬蘑等大众喜爱食用的蘑菇非常相似。月夜蕈中含有的有毒成分主要是隐陡头菌素S、隐陡头菌素M以及新型隐陡头菌素（Neoilludin）等，在食用后短时间内，就会引起呕吐、痢疾等消化系统症状。

褐盖粉褶菌不仅在外形上与食用菌——粗柄粉褶菌（Entoloma sarcopum）相似，其生长周期和生长环境也完全相同，因此，褐盖粉褶菌往往会被误食，致人中毒。褐盖粉褶菌中含有胆碱、蕈毒碱以及毒蝇碱（Muscaridin）等有毒成分，会引起呕吐和痢疾。

褐黑口蘑从外表看起来不太显眼，或许就是因为这个原因，使它看起来非常美味，但食用后，会引起肠胃系统症状。

表 关于蘑菇的认识误区

×	"柄部呈纵向裂开的蘑菇可以食用"	蘑菇的柄部具有呈纵向裂开的属性，大多数毒蘑菇的柄部也都呈纵向裂开状。即使是毒性极强的鳞柄白鹅膏，其柄部也是呈纵向裂开的
×	"颜色不显眼的蘑菇可以食用"	一方面以褐盖粉褶菌、月夜蕈、褐黑口蘑为代表，毒蘑菇大都比较朴素的颜色。另一方面，像橙盖鹅膏菌这样色彩鲜艳的蘑菇并不具有毒性，可以放心食用
×	"虫子蛀食过的蘑菇可以食用"	月夜蕈和鳞柄白鹅膏等毒蘑菇也经常会被虫蛀
×	"与茄子一起做菜时可以食用"	茄子不具有解毒效果，即使一起食用，仍会中毒。此外，通过加热煮沸基本不会分解有毒成分
×	"晒成蘑菇干后可以食用"	褐黑口蘑和鳞柄白鹅膏等在晒干后，仍然会发生中毒，即使晒干，也无法分解有毒成分
×	"经盐水腌渍并用清水洗净后，可以食用"	对绝大多数毒蘑菇都无效，经常会发生腌渍蘑菇引发的意外中毒

摘自：东京都福利保健局《食品卫生窗口》。

除了上述3种毒蘑菇，其他引发中毒较多的蘑菇还有鬼笔鹅膏、裸盖菇属、毒笹子（Clitocybe acromelalga chimera）以及鳞柄白鹅膏[①]等。

---

① 鳞柄白鹅膏（学名：Amanita virosa），又称招魂天使、破坏天使，是一个隶属于伞菌目鹅膏菌科鹅膏菌属下的有毒真菌种。其为中至大型的菇菌，全体白色，只是菌盖的中央为淡黄色圆顶状突起，湿时具黏性。有膜质菌环，极易脱落。此菇外貌似可食用的洋菇，但是毒性极强，会对肝脏造成损坏，是致死率极高的毒蕈。

●具有致命毒性的毒蘑菇

鳞柄白鹅膏含有剧毒，每个蘑菇都具有足以毒死 1 个成年人的毒性，其有毒成分为鹅膏毒素属。该类毒素可以导致细胞内的基因失活，结果阻滞维持生命所必需的蛋白质合成。如果不及时接受充分治疗，细胞就会遭到破坏，肝脏会变为海绵状，甚至衰竭死亡。除此以外，还有许多含有鹅膏毒素的蘑菇，同样需要我们给予充分注意。

我们需要坚持的一个重要原则就是：不要随意食用野生蘑菇。一旦食用后身体出现异常，应立即吐出，并前往医院接受医生诊断。

乌头的双重身份

执笔：保谷彰彦

　　因毒性猛烈而闻名的乌头是毛茛科乌头属植物，在世界范围内有300余种，在日本国内分布有70余种。乌头的花呈现出特殊的形状，因此，一般不会与其他植物混淆。但是，在不开花的季节，需要特别注意，尤其是乌头的叶子与同属毛茛科的鹅掌草相似，而鹅掌草的叶子常被我们作为山野菜食用，所以经常会发生有人将乌头叶子当作鹅掌草叶子误食的中毒事故。

　　乌头常被用作草药。但是，直接用药时毒性过强，因此，需要先经过解毒处理。也就是说，乌头有双重身份，既是毒药，也是良药。

●乌头中毒的症状

　　人在摄入乌头后，初期一般会出现四肢无力、全身疲惫、口唇麻木、恶心、呕吐、心悸、胸闷等症状。中毒较轻的情况下，还会出现心室早期收缩等症状。中毒较重的情况下，会出现眩晕、血压下降、四肢麻木、意识不清等症状，进而诱发痉挛和呼吸衰竭，再重会导致死亡。

　　导致人食用乌头中毒的主要成分是生物碱类的乌头碱。虽然乌头的茎、叶和花中也含有乌头碱，但是，根部的含量是最多的。当乌头碱进入人体后，会与神经细胞的钠泵相结合。之后，钠通道会保持开放状态，钠离子就会趁机持续流入神经细胞中，结果就导致神经细胞失活，血压持续降低，甚至造成人痉挛或呼吸衰竭等。

●乌头碱与犯罪

很久以前，含有乌头碱的乌头就被视为致命的有毒植物。据说，藏族人和阿伊努族①人等就曾将乌头作为毒箭的箭头。这里要讲个稍微恐怖的故事，1986年曾经发生过使用乌头碱杀人的案件。相关报告显示，在这个案件中，嫌犯不仅使用了乌头碱，还使用了广为人知的河豚毒素（Tetrodotoxin）。罪犯供认时声称自己同时使用两种有毒物质，可以延长毒物产生作用的时间，从而为自己制造不在场证据。

河豚毒素与乌头碱之间具有反作用。也就是说，河豚毒素可以有选择地与神经细胞的钠通道相结合，将钠通道切换为关闭状态，从而阻滞钠离子流入神经细胞，影响神经传导，导致人呼吸麻痹或呼吸衰竭。

那么，如果同时摄入河豚毒素和乌头碱后，人体会发生怎样的变化呢？两种物质中的任意一种都会与神经细胞的钠通道相结合，但是，两者的作用机理是完全相反的。因此，当人体同时摄入河豚毒素和乌头碱后，两者会立即发生相互作用，抵消各自毒性，神经细胞不会遭受致命影响。但是，经过一段时间，两种毒素中一方的作用会逐渐消失，另一方则会对神经细胞造成致命伤害。此时，致死的可能性就会升高。在明确这一机制后，法院最终裁定嫌犯有罪。

---

① 阿伊努族（阿伊努语：Ainu、苦夷），是日本北方的一个原住民族群，或译爱努人、爱奴人、阿衣奴人（元代、明代：骨嵬、苦夷和库野），是居住在库页岛和北海道、千岛群岛及堪察加的原住民。

毒品、兴奋剂和"危险药物"千万不能碰！

执笔：贝沼关志

毒品和兴奋剂是罪恶之源，它们令人成瘾，夺人心智，最终将上瘾者变成瘾君子，沦为废人。毒品是指《毒品以及精神药物取缔法》中规定的药物总称，其中包括来自芥子的生物碱以及由其合成的毒品、古柯叶子中含有的生物碱和LSD等的合成毒品。兴奋剂是指《兴奋剂取缔法》中规定的药物总称。其中包括苯丙胺（安非他明）和甲基苯丙胺（脱氧麻黄碱）等。除此以外，还有能够产生药物依赖性的物质，例如：鸦片和大麻，分别在《鸦片法》和《大麻取缔法》中进行了规定限制。

●滥用依赖性药物的弊端

上述药物依赖性是指人为了体验服药带来的快感，养成长期用药的习惯，并逐渐增加用药量，最终沦为瘾君子，变得没有药物就痛不欲生。人在形成药物依赖后，一旦停用，就会产生呼吸困难、感觉异常、精神错乱等身体依赖性，尤其是吸食可卡因的人，会产生精神依赖性，有时为了得到药物不择手段，最终沦为阶下囚。

在大量服食毒品的情况下，由于食用者意识不清或昏迷，会导致呼吸受到抑制，如果不立即采取急救措施，甚至会导致死亡。此外，毒品中的止痛成分具有强力镇痛效果，可以带来快乐感和幸福感，是晚期癌症患者减轻疼痛、保持生活质量不可或缺的药物，就连世界卫生组织（WHO）也积极推荐使用。在手术时，也会作为有效的麻醉药物使用。

兴奋剂在医学上没有任何价值，其药物依赖性极强，对人的精神有明显的危害，并且会导致长期的后遗症，因此，兴奋剂在国际上受到了严格的管制。在日本国内，被滥用的兴奋剂基本上是甲基苯丙胺（脱氧麻黄碱），它是黑社会团体重要的收入来源，用药者屡屡犯罪和发生事故，成为产生社会罪恶的重要原因之一。

● 新的威胁——"危险药物"

所谓"危险药物"（又称"脱法迷幻药"）是指利用《毒品以及精神药物取缔法》和《兴奋剂取缔法》相关规定（即：化学结构式的规定）的漏洞，号称可以钻法律空子（也就是营造合法印象）的依赖性化学物质群。使用"危险药物"后，会出现各种各样的症状，比如：当人出现原因不明的意识障碍、烦躁和痉挛时，很可能他就是发生了危险药物中毒。但是，如果没有用药信息或者药片，就难以做出诊断。由于这些药物会在短时间内改变成分支链，因此，如果按照既有法规进行处理，就会出现规定赶不上变化的情况。鉴于此，日本积极采取新的应对措施，将其列为《药品医疗器械法》（旧《药事法》）中的"指定药物"，并于2013年4月引入了"一揽子指定制度"①，坚决执行将化学结构部分相同的物质群一网打尽的新规定。通过这一措施，将2012年12月时只有68种的"指定管制物质"增加至2013年的1 360种，截至2015年7月这一数字已经上升至2 306种。

根据日本警察厅对外发布的数字（2015年3月5日），在2014年查办的"危险药物"案例中，被列为"管制对象"的人数呈现出增长趋

---

① 一揽子指定制度规定只要化学成分基本相同的"脱法迷幻药"均可通过"一揽子指定"的方式，全部作为"指定药物"处理。

势，达到了840人，是上一年的4.8倍，使用"危险药物"致死的人数
也达到了160人。在一度盛行后，"危险药物"是会呈现出逐渐降温的
趋势，还是会变形为第二个"兴奋剂"继续蔓延，我们目前仍无法做
出明确判断。

参考：须崎绅一郎等，《关于违法药物（毒品、兴奋剂、危险药物）的规定以及警察的应对措施》
（《急救医学》第39期，pp.835-840,2015年）

香烟就是"毒物罐"

执笔：小川智久

当您抽一支香烟时，会产生大量的化学物质，仅就目前可以确定的化学物质已经在4 000种以上（据推算最多可以达到数万，甚至数十万种以上）。除了后文要提及的3种成分，香烟中还含有超过200种有害成分，比如：苯、1,3－丁二烯、苯并芘、4－（甲基亚硝胺基）－1－（3－吡啶基）－1－丁酮（NNK）等致癌物，其中许多有害成分都存在超过容许范围的风险。因此，我们又将香烟称为"毒物罐"。

此外，随着吸烟数量的增加，烟民患肺癌的致死率也会呈"指数级"升高。特别是在饮酒和驾车等可能致死的行为中，主动吸"一手烟"一直被认为是死亡风险较高的因素。被动吸"二手烟"也可能会导致肺癌、心血管疾病、呼吸系统疾病以及婴幼儿暴毙等。因此，吸烟带来的影响不仅仅是烟民们需要面对的问题。

● 最令人头疼的3种成分

"尼古丁""焦油""一氧化碳"是香烟中含有的主要有毒成分。对于香烟生产商而言，有义务按照国际标准化组织（ISO）规定的方法，对香烟产品进行测量并在产品包装上标注尼古丁和焦油含量。在加拿大，还规定厂商有义务在包装上标注一氧化碳含量。

尼古丁可以通过烟碱型乙酰胆碱受体对人体产生药理作用，导致人体毛细血管收缩，血压升高，诱发瞳孔缩小、恶心、呕吐、痢疾等症状。此外，还会引起头痛、心功能不全、失眠等中毒症状。在摄入过量的情况下，还会造成意识障碍和痉挛。尼古丁的急性致死量为婴幼儿10mg～20 mg（0.5～1支香烟）、成年人40mg～60 mg（2～3支香烟）。特别是婴幼儿误食香烟或者误饮放置烟蒂的瓶装果汁（咖啡）等导致的急性中毒，多是尼古丁引起的。此外，人长期吸烟会对其产生依赖性，这是尼古丁刺激神经元分泌多巴胺导致中枢神经系统兴奋（去除抑制效应）的缘故。

焦油是指香烟烟气中的粒相物的总称，也就是所谓的烟垢。吸烟时，香烟烟叶中含有的有机物会发生热裂解，从而产生焦油。焦油中除了含有尼古丁，还有各种致癌物、促癌物以及其他有毒物质。

最后，我们了解一下一氧化碳。它可以与红细胞中的血红蛋白相结合，阻滞氧的运输，从而导致脑细胞和全身细胞陷入慢性缺氧状态。加之尼古丁对血管具有收缩作用，会进一步加速冠状动脉和脑血管的动脉硬化。

如上所述，香烟中含有的成分大都是有毒物质。

图片　**香烟中含有许多有毒成分**

参考：日本厚生劳动省《最新香烟信息》

婴儿误饮、误食该怎么办？

执笔：贝沼关志

当婴幼儿"刚会爬"或者"蹒跚学步"时，无论手碰到什么东西，都会急着往嘴里送。而一般人家里，又到处是洗洁剂、化妆品、干燥剂、杀虫剂、药品、园艺用品和香烟等化学物质。这些物质都可能导致人中毒。一旦婴幼儿误饮、误食了这些化学物质，大人们可以立即咨询日本中毒信息中心，这是一种处理方法。在大阪和筑波，设有面向民众的直拨电话①，民众只需支付话费就可以使用。

如果误食异物进入食道，并卡在喉咙深处狭窄部位，有时需要在全身麻醉状态下使用工具取出。当误食异物从食道进入胃部后，一般都会随粪便排出。但是，类似纽扣电池等异物有时会划破食道和胃，导致内脏穿孔。如果感觉到有异物卡在某个部位，应尽早前往医院接受诊断处置，这一点至关重要。

如果误食异物进入气管，应立即采取急救措施或拨打紧急电话，尤其是当孩子无法呼吸时，在急救车到来之前采取何种急救措施是关系到生死的重要因素，因此，大人们平时应通过参加急救复苏讲座等方式，锻炼实际急救技能，这一点是非常重要的。

为了避免发生悲剧，最重要的一点是：绝不在孩子周围放置大小可以穿过卫生纸卷芯的物品。

---

① 截至 2016 年 9 月，发布在日本中毒信息中心的官网上。除了面向民众的直拨电话外，还有医疗机构专用的电话号码，但是，在拨打专用号码时，会产生信息费。网站上有关于适用对象和事先必备资料的介绍，请仔细确认。

第2章

环保 问题中的化学物质

PCB、DDT的全球漫游

执笔：保谷彰彦

　　有时，某些曾给我们生活带来丰厚利益的物质，也会出现安全性问题，造成巨大的社会影响。其中，代表性的物质就有PCB、DDT等有机氯化合物，在此，我们以其为例进行介绍。

　　PCB（polychlorinated biphenyl，多氯联苯）并非单一化合物，而是两个苯环相结合的多氯联苯同系物的混合物。

　　PCB具有不易溶于水、绝缘性好、不易燃的特性，在耐热性和耐药性方面也非常出色，是极其稳定的物质。因此，它被广泛应用于变压器、电容器、载热体等中。而DDT往往被用作杀虫剂。

●20世纪70年代以后成为管制对象

　　由于担心这些有机氯化合物可能对人体造成不良影响，自20世纪70年代以后，人们逐渐将其列为管制对象。1974年，日本开始禁止使用PCB，并大量回收、集中保管PCB。然而，PCB具有极强的化学稳定性，时至今日，仍然没有找到有效地将其进行分解处理的方法。在这种背景下，2004年5月17日，《关于持久性有机污染物（Persistent Organic Pollutants，POPs）的斯德哥尔摩公约》[1]正式生效。

---

①　《关于持久性有机污染物的斯德哥尔摩公约》主要是为了保护人类健康和环境所采取的包括旨在减少或消除持久性有机污染物排放和释放的措施在内的国际行动。

目前，共有PCB、DDT、狄氏剂、艾氏剂、二噁英等12种有机氯化合物（群）被列为持久性有机污染物。除了允许在部分地区使用作为防疟疾药物的DDT，绝大多数国家都禁止使用并停止生产POPs。

● 危险是如何扩散的？

POPs对生物具有强毒性，不易分解，并且容易出现生物浓缩①现象。比如：流入海洋中的POPs会被浮游生物吸收，从而积蓄在以浮游生物为食的鱼类体内。由于食物链的作用导致有毒物质累积，从而发生生物浓缩现象，因此，在处于生态系统顶端的动物体内，会逐渐积累起高浓度的POPs。

不仅如此，在远离发生源并且从未使用过POPs的高纬度地区，也检测出了高浓度的POPs。可以说，时至今日，POPs仍在地球范围内不断扩散。那么，它究竟是通过什么机制扩散的呢？

POPs在低纬度地区容易蒸发，并通过气流的作用向高纬度地区转移。在高纬度地区，由于气候寒冷，POPs会逐渐冷却，并向地表方向下沉，从而出现化合物由高温低纬度地区向低温高纬度地区和山岭地带的转移。我们将POPs这种像蝗虫一样密集的、大范围的扩散现象称为"蝗虫效应"。

POPs与挥发性有机化合物和重金属一样，都可能对人体和生态系统带来负面影响。由于其具有较强的稳定性，一旦释放到大气中，将长时间滞留，随着时间的累积，会对人体和生态环境造成持续性破坏。

---

① 生物浓缩，是指生物从周围环境蓄积某种元素或分解的化合物，使其在生物体内的浓度超过环境中的浓度的现象。对生物浓缩机理的研究，能从宏观和微观上揭示污染物的毒性毒理和生态影响，从而深入了解污染物在生物体中的分布、迁移和转化的规律。

二噁英的超长待机能力

执笔：保谷彰彦

作为有机氯化合物之一，与 PCB 和 DDT 一样，二噁英类物质对人体的危害备受人们的担忧。垃圾在焚烧时，就排放出二噁英。也就是说，它是一种无意间产生的有毒物质。

● 人们逐渐认识到二噁英会带来问题是在什么时候？

人们开始关注二噁英始于越南战争带来的悲剧性事件。

1961 年，美军开始在越南的森林中播撒除草剂，这是军事作战的一个重要环节，其目的是铲除遮挡视野的森林，摧毁越南南方民族解放阵线①的据点。在之后的 10 年时间内，美军持续播撒了大量的除草剂。

当时所用除草剂的主要成分是与植物生长激素相类似的物质。然而，在其制造过程中，却生成了附加产物——一种二噁英，即 2,3,7,8 - TCDD，并混入了除草剂中。该物质对胎儿具有较强影响，会导致出生的婴儿出现严重的先天障碍。

---

① 越南南方民族解放阵线成立于 1960 年，它是团结越南共和国各阶层、各民族、各政党和社会团体及宗教组织的反政府力量，参加者有越南共和国人民革命党、越南共和国民主党、越南共和国民族、民主及和平力量联盟等二十多个政党、群众与宗教组织。在反政府武装控制区，设立各级委员会和人民自治委员会，组织和领导越南共和国人民的抗美救国战争，在越南共和国国内从事游击战。

包括2,3,7,8－TCDD在内，二噁英类物质不易分解，且脂溶性较高，因此，它们容易累积在体内。不仅如此，由于二噁英在物理和化学方面具有稳定性，因此会长期残留在土壤当中。据说越南时至今日，当年战争留下的二噁英仍在破坏环境，持续危害人体健康。

● "二噁英"类物质是指？

那么，所谓"二噁英"究竟是什么样的物质呢？如果看一下结构，就会发现它是指含有2个或1个氧键连接2个苯环的含氯有机化合物。二噁英分为许多种，不同种类的氯原子取代位置和数量等各不相同，其毒性强弱也相差很大。

图：2,3,7,8－TCDD化学结构式

目前公认毒性最强的当属上文所述的2,3,7,8－TCDD。从动物实验的结果来看，其具有致畸性和致癌性。根据动物种类不同，半数致死量（LD50）[1]和中毒反应方式也各不相同。虽然不具有微量致死的剧

---

① 半数致死量（median lethal dose，LD50）表示在规定时间内，通过指定感染途径，使一定体重或年龄的某种动物半数死亡所需最小细菌数或毒素量。

毒毒性，但是，随着时间的推移会逐渐显现毒性，这是"二噁英"类物质的显著特征。

因此，在考虑"二噁英"类物质的毒性时，或许需要研究其长期逐步渗透至体内时造成的影响。"二噁英"类物质是一种环境激素[①]，它会阻滞人体内各种激素的作用，对生殖和免疫功能等造成危害。最近的研究成果指出，野生动物体内积累的"二噁英"类物质浓度比人体内更高。因此，从长远来看，我们需要慎重考虑野生动物体内积累的"二噁英"类物质究竟会对生态系统和人体造成的影响。

---

① 环境激素，是指外因性干扰生物体内分泌的化学物质，这些物质可模拟体内的天然荷尔蒙，与荷尔蒙的受体结合，影响身体内原有荷尔蒙的量，以及使身体产生对体内荷尔蒙的过度作用，使内分泌系统失调。进而阻碍生殖、发育等机能，甚至有引发恶性肿瘤与生物绝种的危害。

顽固分子：三氯乙烯

执笔：池田圭一

人类的活动会产生许多自然环境中本来并不存在的有毒物质。我们知道其中相当一部分还会被排放至自然环境中，从而产生致癌性和致畸性等毒性。但是人们一直忽视这一点，直至为时已晚，才采取应对措施。

● 尚有几种存在问题的有机氯化合物

罪魁祸首当属三氯乙烯、四氯乙烯和三氯乙烷。

上述三种物质都易溶于油，因此，在工业领域和半导体工厂中，它们往往被用来作为电镀处理油渍的清洗剂，在我们日常生活中，往往被用来作为干洗的洗涤剂和杀虫剂的溶剂。

但是，人们在查明其具有毒性后，从40年前开始就已经禁止使用三氯乙烯了，并研发出了替代品。1996年，人们开始禁用三氯乙烷。虽说如此，但在正式禁用之前，人们已经以工厂废水等形式，向自然环境中排放了大量这类有毒物质，并且直至近几年，人们仍在使用四氯乙烯作为干洗衣物的洗涤剂，在进行废弃处理时，也没有采取过多的限制措施，因此，如今仍有大量的有毒物质向地下渗透。

● 渗透至泥土中，并再次返回人们身边

在自然环境中，这些污染物质几乎不会降解。因此，经过一段时间

后，它们会随着雨水渗透至泥土中并造成污染。直到数十年后的今天，我们才刚刚从地下水中检测出这些污染物质。如果土壤污染只是在有限的范围内，我们还能想办法去除。但是，当渗透到地下水中以后，污染的范围就进一步扩散了，几乎不可能全部去除。现在日本生活用水中的21.0%，农业用水中的5.3%都要依赖地下水，在发现有毒物质后，导致无法使用的水井数量呈不断增加的趋势。直至目前，仍未发现有效的治理这类有机氯化合物的污染的办法，这已经成为一个严峻的问题。

图：三氯乙烯、四氯乙烯、1,1,1-三氯乙烷的化学结构式（从左至右）

图：有毒物质渗透和扩散的机制

有毒物质渗透和扩散的机制

通过地下水扩散

如果是浅表部位的土壤污染，就仅仅会局限在那里。但是，如果渗透至地下水中，就会随着水流扩散，污染大片区域。

一种可生物降解的塑料君

执笔：和田重雄

我们生活周边的物品都是由各种各样的材料构成的。其中，塑料（合成树脂）具有重量轻、易成型的特点，一直被当作耐药性较强的材料使用。虽然耐药性强是塑料的优势所在，但是，从另一方面来看，一旦它们被用完需要废弃处理时，又容易出现残留废物。

● 塑料问题与应对措施

绝大部分塑料都是由石油和煤炭为原料制成的，基本通过焚烧的方式实施废弃处理。在废弃处理时，会产生大量的热量和二氧化碳等，对地球环境造成不良影响。

因此，能够通过微生物（细菌）降解而不是焚烧废弃的生物降解塑料（环保塑料）开始备受关注。这种新型塑料与之前普遍使用的塑料具有相同的功能，但是，其被进行废弃处理后，会通过微生物降解在土壤或水中，最终变得无影无踪。

回首 20 世纪 80 年代，最广为人知的就是英国发明的"生物高分子塑料（Biopol：商标名称）"，这种材料也受到德国等国家的青睐。它是由某种细菌通过植物淀粉合成的聚酯类塑料，在进行废弃处理后，埋置于土壤或水中，短则需要几个月，长则需要几年，就可以实现降解。

日本也有许多研发生物降解塑料及相关产品的厂商，并以垃圾袋、购物袋、食品容器以及文具等形式，不断将其推向市场，有些公司还将其作为收纳除虫剂的容器。虽然普通消费者针对环境问题的意识不断增强，但是，受制于成本因素，这种新型环保塑料要想在日本国内真正广泛普及仍需时日。

●医疗领域也在翘首以盼

最近，在医学领域，一种生物降解塑料——聚乳酸开始受关注。这种新型塑料会在人体内慢慢分解，并在体内完成分解产物（乳酸）的代谢。目前，这种材料已经应用于手术缝合线、手术后体内的止血和吻合材料以及骨重建时的临时支撑材料。

塑料是一种可以实现多种功能的材料，也为人类带来了许多便利。今后，我们要未雨绸缪，以积极的心态开展相关研究，从废弃处理时对环境影响的角度出发，尽早研发出更多像生物降解塑料一样对环境影响较小的新型环保材料。

照片：**生物降解塑料产品的实例**

泄漏的原油到哪去了？

执笔：泷泽 升

1997年1月，遭受季风袭击的俄罗斯油轮"纳霍德卡号"在日本海触礁，大量原油泄漏，漂浮在日本山阴至北陆地区的海岸附近。这是日本历史上首次发生大范围原油污染环境事故。许多志愿者和当地民众连续奋战数月，使用水舀和吸水垫等工具拼命去除原油，我想很多日本人对那个场景一定记忆犹新。

尽管大家当时付出了艰辛的努力，但是仍有许多原油未得到回收。然而，多年以后，当我们再次来到当年原油漂浮的海岸附近眺望时，却几乎没有发现任何原油遗留的痕迹。

难道，当年残留下来的原油凭空消失了吗？实际上，细菌等我们肉眼无法察觉的微生物已经将它们降解到了水和二氧化碳中。土壤和水中生活着的一些微生物，除了能降解原油，还会一点一点地降解农药、PCB以及三氯乙烯等有害化合物。

● 生物环境修复研究正在不断向前推进

所谓"生物修复（Bioremediation）"是指：借助生物力量，恢复已经被人们污染的环境。其主要方法包括：帮助生活在污染场所的微生物恢复活力的生物刺激（Biostimulation）和注入强效分解菌的生物强化（Bioaugmentation）。

最先使用生物刺激技术处理油轮原油泄漏事故的是1989年在美国阿拉

斯加海面发生的"瓦尔德斯号"[①]事件。当时人们在遭受污染的海水中，播撒含有微生物生长发育所必需的氮和磷等元素的营养盐类物质。通过向可降解海水中石油成分的微生物提供营养，达到加快降解漏在海里的原油的速率。此外，在1990年发生的"梅加博格号爆炸原油泄露事件"中，人们首次使用了生物强化技术，向遭受污染的海域投放了特殊制剂，聚集了多种可降解原油的微生物，取得了较好的效果。时至今日，在市场上，仍然可以看到这种经美国政府机构专门检验并批准为原油污染处理剂的微生物制剂正式在售。

图：微生物降解原油的示意图

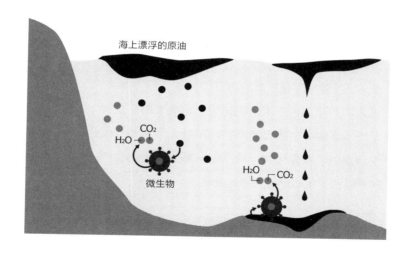

---

① 1989年3月，巨型油轮"瓦尔德斯号"在美国阿拉斯加的王子湾撞上礁石。1000万加仑的石油从破损的船体流出，覆盖在1600平方千米的海面上，无数海豹、海狮和海鸟被黏稠的石油粘住而悲惨死去。

　　以"纳霍德卡号事件"为契机，日本国内开始大兴研究生物环境修复技术之风，专家和学者纷纷在日本国内或前往科威特的事故现场进行实验，并取得了许多成果。1999 年春季，当时的日本环境厅颁布了实施生物强化的技术指南，并推动技术的实际应用。

　　近年来，人们开始在工厂的废弃厂房等场所，开展关于化学物质对土壤和地下水的污染状况调查，经过论证，人们发现如果不彻底去除土壤中的污染，就不能在当地开发用于销售的住宅。因此，可以说这项技术的应用前景一片光明。

"光化学烟雾"是个什么鬼？

执笔：藤村 阳

　　在气温较高并且日照强烈的情况下，气象部门有时会发布光化学烟雾预警报（见文末表格）。化学烟雾的发生往往是因为环境中大量产生"光化学氧化剂"从而产生厚厚的白色雾霭，进而对环境造成污染。

　　20世纪70年代，在日本曾经发生过严重危害人体健康的环境危机。之后，大气污染治理得到长足进步，光化学烟雾呈现出减少的趋势。但是，自从20世纪90年代开始，光化学烟雾预警报的发布次数又逐渐增加，发布区域也不断扩大。

●光化学氧化剂是指什么？

　　"光化学氧化剂"特指氧化能力较强并且容易发生化学反应的物质，且当"光氧化剂"受到太阳光照射（发生光化学反应）后产生的物质，大部分为臭氧分子O_3。"光化学氧化剂"会刺激眼睛和喉咙，在人体大量摄入后，可能导致呼吸困难、头痛以及意识不清等症状。

　　当O_3位于大气平流层时，具有保护地表生物免受紫外线直接辐射的积极作用（见文末表格），但是，当O_3位于地表附近时，却会对生物的健康和植物的发育造成消极影响。

　　O_3是由氧原子O和氧分子O_2发生反应产生的。在地表附近，氧原子的产生源是经阳光照射后分解的二氧化氮分子NO_2。NO_2是汽车尾气等化石燃料燃烧后释放出来的产物。NO_2 本身就具有毒性，但是更成问题的是它可以产生毒性更强的 O_3。

●光化学烟雾的发生机理

想要像光化学烟雾一样大量产生 O_3，除了要有 NO_2，还需要碳氢化合物类气体的参与。

碳氢化合物类气体与 OH 原子团或 O_2 等发生反应，产生的物质可以将 NO_2 经过光照分解生成的 NO 还原为 NO_2，由此，会再次出现氧原子的发生源，从而产生大量 O_3。化石燃料燃烧是碳氢化合物的主要排放源，而且在化石燃料燃烧排放的物质中，也会生成 O_3 以外的光化学氧化剂。

●逐渐增加的光化学氧化剂

在日本国内，由于排放规则的限制，NO_2 和碳氢化合物的总量正在逐年减少。但是，光化学氧化物却以极慢的速度呈现出不断增长的趋势。在某些地区，甚至成为诱发森林枯死的重要原因之一。

O_3 会随风飘移，在地球半球内不断扩大污染范围。站在对大气严重污染国家国民负责的立场考虑，整个东亚地区应团结起来采取应对措施，这已经成了一个亟待解决的课题。

表 光化学烟雾预报、预警报、警报的发布标准

预报	预计平均每小时产生 0.12×10^{-6} 以上时
预警报	平均每小时产生 0.12×10^{-6} 以上时
警报	平均每小时产生 0.24×10^{-6} 时

*目前每年的平均值为 0.03×10^{-6}，20世纪 70 年代时达到峰值，约为 0.3×10^{-6}。环境标准为 0.06×10^{-6} 以下。

臭氧层的前世今生

执笔：藤村 阳

太阳光线中含有可能对人体皮肤、眼睛和DNA造成损伤的紫外线。臭氧层位于距离地面10km～50km的平流层，它可以吸收紫外线，因此，只有少量的紫外线会到达地面。可以说，臭氧层是保护生物免受紫外线伤害的屏障。

●微量运转的臭氧

臭氧分子O_3是3个氧原子O相结合形成的三角形分子，它是氧原子和氧分子O_2的反应生成物（参照上一节）。臭氧层是大气中含臭氧比例最高的区域。但是，与大气中的主要成分氮分子N_2和氧分子O_2相比，其含量仅为10万分之1左右。

O_3吸收紫外线后，会分解为O和O_2。但是，O会与周围大量存在的O_2发生反应，并迅速还原为O_3。由于会反复这一循环，因此，可以说保护地表生物的臭氧层是非常稳定的。

●生命创造的臭氧层

众所周知，地球是在大约46亿年前形成的，当时大气中只含有极少量的O、O_2、O_3。相关研究表明，地球上最古老的生物大约诞生于38亿年前的有害紫外线无法抵达的深海中。

这之后，海洋中的植物通过光合作用生成O_2，并逐渐由海洋释放到大气中，随着大气中氧气的增多加上紫外线的照射，使得大气中的O_3含量就不断增加，而直接抵达地球表面的紫外线就随之减弱，植物开始在陆地上生根发芽。这些变化发生在大约4亿年前。

在O_3的形成过程中，必须依靠太阳光线中所含的微量高能紫外线将O_2分解成2个O。随着大气中O_2含量的增加，紫外线变得无法抵达地表，因此，地面附近开始形成臭氧层，并逐渐向上空漂移。

图　**臭氧的发生、分解以及再生**

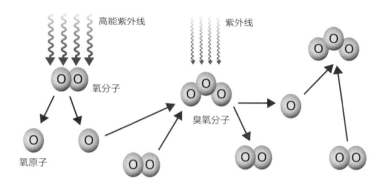

● 臭氧层的破坏

人类用作制冷剂的氟利昂（参照下一节）是一种非常稳定的物质，在使用后向大气排放时，会抵达平流层。在平流层中，氟利昂会接触到直射下来的强烈紫外线，分解为氯原子（CL）并向外排放。这些CL会反复与O_3发生反应生成O_2，从而破坏臭氧层，直至20世纪70年代，人们才发现这一现象。

20世纪80年代末开始，人们制定了使用氟利昂的规定。但是，直至2000年以后，世界上的O_3含量才呈现出略微增加的趋势。由于平流层中仍存在CL和氟利昂，因此，地球臭氧层一时还难以恢复至20世纪70年代时的O_3含量水平。

从"梦幻物质"到被人弃用的氟利昂

执笔：一色健司

　　将甲烷和乙烷等碳氢化合物中的氢元素替换为氟元素或氯元素的化合物被称为碳氟化合物或氟利昂等。这类化合物的毒性极低，具有不燃性，在化学反应和加热条件下也非常稳定。在接近室温的温度下，可以变为液态或气态。

　　因此，它们常被用作冰箱和冷冻装置的制冷剂（转移热的物质）或溶剂，在被开发那年（1928年），甚至被人们称为"梦幻物质"。随着社会发展，冷藏和冷冻设备的普及，氟利昂的生产、流通和使用呈现出爆炸式增长的趋势。但是，20世纪70年代，人们发现氟利昂对臭氧层具有破坏性，因此，开始采取针对性的限制措施。

●作为制冷剂被广泛使用的气体

　　人们比较熟悉的被用作制冷剂的气体如61页的表中所示。其中，特定氟利昂或指定氟利昂中含有氯元素CL，对臭氧层具有破坏性。因此，在《蒙特利尔议定书》[①]中，对其生产、流通和使用进行

---

① 　《蒙特利尔议定书》全名为《蒙特利尔破坏臭氧层物质管制议定书》*Montreal Protocol on Substances that Deplete the Ozone Layer*，是联合国为了避免工业产品中的氟氯碳化物对地球臭氧层继续造成恶化及损害，承续1985年保护臭氧层维也纳公约的大原则，于1987年9月16日邀请所属26个会员国在加拿大蒙特利尔所签署的环境保护公约。该公约自1989年1月1日起生效。

了规定。1995年，包括日本在内的发达国家已经停止生产《蒙特利尔议定书》中规定的五种氟利昂。虽然目前仍可以使用上述氟利昂，但是各发达国家一致同意，将于2020年前全面停产。

●氟利昂的替代品也存在问题

人们已经研发出了这些氟利昂的替代品。如本页表格所示，R-134a是具有代表性的制冷剂，也是氟利昂替代品。目前，它已开始正式使用。此外，在半导体制造过程中，也广泛使用全氟化碳PFC和六氟化硫SF$_6$（用氟元素替代甲烷和乙烷等碳氢化合物中的全部氢原子）替代氟利昂，进行蚀刻和清洗。这些气体虽然不会破坏臭氧层，但是会增强温室效应，并且不易被分解。因此，我们往往不将它们向大气中排放，而是直接回收。目前，科学家们正在研究如何减少使用量和开发出替代气体。

表 代表性的制冷气体

制冷剂编号	简称	化学式	分类	臭氧破坏系数[*1]	地球变暖系数[*2]
R-1	CFC-11	CCl$_3$F	特定氟利昂	1.0	4600
R-12	CFC-12	CCl$_2$F$_2$	特定氟利昂	1.0	10600
R-115	CFC-115	CClF$_2$CF$_3$	特定氟利昂	0.6	7200
R-22	HCFC-22	CHClF$_2$	指定氟利昂	0.055	1700
R-502		（R-22:R-115=48.8:51.2的混合物）		0.334	5600
R-134a	HFC-134a	CH$_2$FCF$_3$	替代氟利昂	0	1300
R-600a	HC-600a	CH$_3$CH（CH$_3$）CH$_3$	异丁烷	–	–

*1：将CFC-11设定为1.0时的值；
*2：将二氧化碳设定为1.0时的值；

碳氢化合物不会破坏臭氧层，并且可以迅速分解，带来的温室效应效果小，因此，它被开始作为制冷剂而广泛使用。在日本国内，2002年时就开始销售无氟冰箱了，这些冰箱中使用了R-600a。人们慢慢开始使用二氧化碳或氨气等作为制冷气体，可以预见，今后去除氟利昂的进程会进一步加快。

"温室效应"：温室里全是二氧化碳吗？

执笔：藤村 阳

　　给地球带来温暖的能量之源是阳光。如果光凭太阳照射，地表的温度只能达到 $-18℃$ 左右，整个世界会笼罩在冰点之下。然而，当今世界的地表平均温度大概有 $15℃$，究竟是什么弥补了这将近 $33℃$ 的温差呢？答案就是"温室效应"这一大气的保温效应。

　　具有这一功能的气体被称为"温室气体"，正是受到这些气体的眷顾，地球上的水才未结冰而保持液体状态，人类这样的生物才可能繁衍生息。

●温室效应气体与红外线

　　代表性的温室气体包括水蒸气 H_2O（约占地球大气的 1%）和二氧化碳 CO_2（约占地球大气的 0.04%），它们可以大量吸收红外线。地球大气的主要成分氮气 N_2 和氧气 O_2 不会吸收红外线，但是，其他大部分物质的分子都会吸收红外线，具有温室效应。甲烷 CH_4、一氧化二氮 N_2O、氟利昂等都属于温室气体。

　　我们平时可能感觉不到，地球表面会释放一种电磁波——红外线。实际上，我们的体表也会释放红外线。用来显示体温分布变化的红外热成像仪，就是主要用来测量人体释放出来的红外线总量，并用易于识别的颜色来标注的。

　　如果没有温室气体，地表发出的红外线就会逃向宇宙。但是，一旦有温室气体介入，来自地表的红外线能量就会蓄积在温室气体中，其中一半以红外线的形式射向宇宙空间，另一半则以红外线的形式辐射回地表。由此可见，由于温室气体的作用，能量可以在地表附近积蓄起来，引起地表温度升高。

在太阳系的行星中，金星被主要成分为二氧化碳 CO_2 的厚气层所覆盖，其温室效应的效果强到使得金星表面温度达到了490℃。

● 二氧化碳是地球变暖问题的重要诱因

从 20 世纪 90 年代后半段开始，如何削减二氧化碳的排放量成为国际性的难题。这是因为大家担心人类活动产生的二氧化碳会导致地球气温升高，从而引发许多对人类生活造成恶劣影响的气候变化的缘故。从单位质量来看，有许多温室气体对气温升高的影响力比二氧化碳要大，但是，二氧化碳却是人类生活中排放量极大的气体，因此，它理应受到我们的广泛关注。

图　温室效应的机制

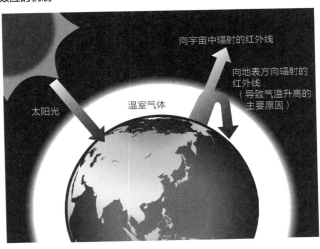

大气污染源：是汽车还是炒菜的锅？

执笔：池田圭一

现代的汽车（四轮车、动力二轮车）大都装配汽油发动机和柴油发动机。在发动机中，会燃烧以碳氢化合物为主要成分的有机燃料，并将产生的热能和压力转化为驱动力，推进汽车行驶。一旦有机燃料燃烧，也就是与氧气发生反应，其大部分成分会生成水（水蒸气）和二氧化碳。但是，与氧气反应不充分的气体残渣、空气中的氮气在高温条件发生反应后的产物以及燃料中含有的多余硫黄成分等，会以一氧化碳、挥发性有机化合物（碳氢化合物）、氮氧化物或硫氧化物等形式向外排放。

●近年来的努力，剩下的担忧

在汽车的尾气中，除了水蒸气和二氧化碳，净剩下些即使少量也会对人体造成危害的物质。但是，如下图所示，对人体健康危害特别大的挥发性有机化合物（VOC）来自汽车尾气的比例却出乎意料的少，只占尾气整体的22%。自从20世纪70年代施行气体排放标准以来，汽车排放的大气污染物质得到了大幅度的控制。不仅如此，近年来，电动汽车和混合动力汽车的数量不断增加，人们还开始使用仅排放无害水（水蒸气）的氢燃料发动机车。

虽说如此，日本国内市场的汽车数量仍呈现出略微增加的趋势[1]。大部分汽车仍是使用传统发动机的车辆，只要它们燃烧汽油、

---

① 参考：一般财团法人日本汽车检查注册信息协会《汽车持有数量》。

轻油或天然气等有机燃料，就一定会生成导致地球变暖的重要物质之一——二氧化碳。希望大家都能从我做起，考虑节能环保出行，一起控制污染物质排放。

图　汽车排放气体的主要类型

图　对人体有害的碳氢化合物（挥发性有机化合物VOC）的排放比例

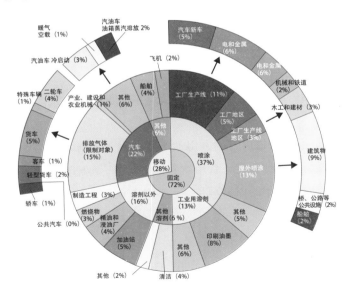

摘自：日本国立环境研究所《VOC排放源与汽车参与的关系——基于在隧道中实施的调查结果》

使用过的食用油中有拯救地球的原料？

执笔：和田重雄

最近，日本国内开始把家庭用过的炸"天妇罗"^①的油等废油作为原料，为垃圾处理车和公共汽车提供动力，人们将其称为生物柴油燃料（下文简称为BDF）。由于利用了本来已经废弃的垃圾，因此，具有减少垃圾量、降低石油资源消耗量的优点。

● 究竟是如何做到的呢？

1897年，德国科学家鲁道夫·狄塞尔^②使用可以称得上"原始BDF"的花生油作为燃料，研发设计出了首个柴油发动机。但是随后，世界各地开始广泛使用化石燃料。最近，美国出现了实际应用BDF的工具。

BDF是指在已使用过的食用油废油中混入甲醇，并借助碱催化剂生成的脂肪酸甲酯，它比食用油黏性小，是一种略显清爽的油状液体。但是，由于使用的原材料是经过各种不同用途后的废油，加工出

---

① 天妇罗是日式料理中的油炸食品，用面粉、鸡蛋与水和成浆，将新鲜的鱼虾和时令蔬菜裹上浆放入油锅炸成金黄色。吃时蘸酱油和萝卜泥调成的汁，鲜嫩美味，香而不腻。天妇罗不是某个具体菜肴的名称，而是对油炸食品的总称，具体的种类则有蔬菜天妇罗、海鲜天妇罗、什锦天妇罗等。

② 鲁道夫·克里斯琴·卡尔·狄塞尔（Rudolf Christian Karl Diesel） 1858年3月18日出生，1913年9月30日逝世，享年55岁。德国工程师，柴油发动机的发明者。

来的BDF的质量自然也就难以保证了。

因此，人们下了很大力气研究提取杂质的技术，其中，最有名的当属由京都市制定的作为质量标准的《京都标准》。

京都市在BDF制造领域处于领先地位，您知道这是为什么吗？这其中有很大程度是由旨在削减二氧化碳等温室气体的《京都议定书》决定的。《京都议定书》是1997年12月在京都召开的联合国气候变化框架公约第3次缔约方大会（COP3）上通过的。

从会议正式召开前的1997年11月开始，京都市内就大约有220台垃圾处理车开始使用BDF了。之后，京都市开始在生物柴油燃料领域注力发展，现在平均每天可以回收约5吨废弃植物油，并制造5000升高质量BDF燃料。

● 生物柴油燃料的优缺点

BDF最大的优点之一就是有利于削减地球上二氧化碳的排放量。BDF的成分燃烧后也会产生二氧化碳，但是，植物油本身就是来自植物吸收大气中的二氧化碳并发生光合作用生成的，事实上燃烧BDF并不会增加大气中的二氧化碳含量。这就是从所谓的"碳中和"[①]角度来思考问题。此外，BDF与汽油的耗油量虽基本相同，却可以有效地减少排放气体中的黑烟含量，并且还有望减少硫氧化物SOx（参照下一节）的排放量。但是，氮氧化物NOx（参照下一节）却可能呈现出仅仅

---

① 碳中和，是通过计算二氧化碳的排放总量，然后通过植树等方式把这些排放量吸收掉，以达到环保的目的。它是人们对地球变暖的现实进行反思后的自省、自律，是世界人民觉醒后的积极行动。它最初由环保人士倡导，并逐渐获得越来越多的民众的支持，并且成为受到各国政府所重视的实际绿化行动。通常可以通过推动使用再生能源和植树造林等方式，来实现碳中和。

稍微降低甚至还会增加的趋势。

至于缺点，首先是回收的废油质量难以保证，可制造的BDF质量也各不相同，此外，BDF还会渗透到天然橡胶中。其次，在制造BDF的流程中，也会消耗能量，当然，在制造汽油等其他燃料的过程中，也会消耗能量。

虽然有这些缺点，但是，作为新型燃料，BDF无疑是具有美好前景的新燃料之一。现在，除了京都市，日本已经有许多地方部门和铁路机构等开始使用BDF了。

酸雨，到底是什么在酸？

执笔：池田圭一

大家或许都听过二氧化硫的别称——亚硫酸气体，一提到亚硫酸气体，大家最先想到的往往是火山排放出的有毒气体。但实际上，现在人们日常生活中产生的亚硫酸气体量已经超过了火山喷发时的排放量。在日本国内观测到的包括二氧化硫在内的硫氧化物中，有61%是来自于国外（由于工业生产）的，有21%是来自日本国内的，有13%是来自火山等自然排放的。由此可见，人类生产活动排放的亚硫酸气体总量要比自然排放量多6倍以上。

那么，为什么人类的生产活动会排放二氧化硫呢？这是由于在从事生产时，会燃烧含有硫黄的煤炭和石油。这些化石燃料燃烧后，自身含有的硫黄成分就会与空气中的氧气紧密结合，生成硫氧化物，特别是在燃烧硫黄含量较多的煤炭时，会产生大量的二氧化硫，从而对大气造成污染。之前，在日本三重县四日市，就发生过化学联合工厂排放大量二氧化硫，诱发日本四大环境污染病之一的"四日市哮喘"，结果导致多人死亡的惨痛教训。

● 跨国性环境问题

在那之后，日本国内的工厂等积极采取措施，控制有害气体排放量，大大改善了二氧化硫对环境造成的污染。但是，最近又出现了新的跨国性大气污染问题。在亚洲大陆范围内排放的二氧化硫气体，会直接在大气中发生光化学反应转化为硫酸，并随着偏西风飘向日本本土。当硫酸溶入雨水后，就会形成酸雨（参照下一节），酸雨从天而降渗入地下从而破坏环境。这样一来，之前并未出现大气污染的地区，也会遭受二氧化硫导致的大气污染或酸雨的危害。

二氧化硫等硫氧化物导致的环境污染，应该成为在世界范围内要积极探索解决方法的重要课题。

表　硫氧化物SOx的实例

一氧化硫SO 是一种极不稳定的物质，因此，它很快就会与空气中的氧发生反应，生成二氧化硫	$S = O$
二氧化硫SO$_2$ 在硫黄燃烧时产生。会刺激呼吸器官，导致人咳嗽、发生支气管哮喘、支气管炎等	143.1 pm O — S — O 119°
三氧化硫SO$_3$ 二氧化硫与同属大气污染物质的二氧化氮发生反应，生成三氧化硫。三氧化硫溶于水后，会生成硫酸	O ‖ O — S — O 142 pm

pm：皮米　$1pm=10^{-12}m$

图　二氧化硫发生反应的实例

●硫黄发生氧化（燃烧）反应后，会生成二氧化硫 　$S + O_2 = SO_2$
●二氧化硫遇水溶解后，会生成亚硫酸 　$SO_2 + H_2O = H_2SO_3$
●亚硫酸在空气中发生氧化反应后，会生成硫酸 　$2H_2SO_3 + O_2 = 2H_2SO_4$
●二氧化硫与二氧化氮发生反应后，会生成三氧化硫 　$SO_2 + NO_2 = SO_3 + NO$
●三氧化硫遇水溶解后，会生成硫酸 　$SO_3 + H_2O = H_2SO_4$
●二氧化硫与云层等中的过氧化氢发生反应后，会生成硫酸 　$H_2O_2 + SO_2 = H_2SO_4$

大气污染的晴雨表

执笔：藤村 阳

作为大气污染的一种形式，酸雨真正进入人们的视线是在20世纪60年代，当时的欧洲、北美、中国等发生了酸雨致使森林大面积枯死，威胁生物生存的湖泊酸化①现象以及导致建筑物和文化遗产腐蚀的严重污染事件。

雨水之所以会变为酸性，是硫酸 H_2SO_4 或硝酸 HNO_3 溶于水导致的。无论是硫酸还是硝酸，都是二氧化硫 SO_2 等硫氧化物 SOx、一氧化氮 NO 以及二氧化氮 NO_2 等氮氧化物 NOx 发生反应生成的。除了自然发生，人类燃烧化石燃料也会产生 SOx 和 NOx，从而导致雨水的酸性不断增强。

● 酸雨的标准

所谓强酸雨是指含有较高浓度氢离子 H^+ 的雨水，其衡量标准是pH值。如果是纯水的话，其酸碱度为中性，pH值为7。pH值为7是

----

① 湖泊酸化（lake acidification）：是指含有硫酸和硝酸的雨、雪污染了湖泊水体，长年累月使湖水酸度增高的现象。酸雨在世界上许多地区，尤其在工业发达国家中的不断出现，往往使该地湖泊发生酸化，湖中水生生物和有机物逐渐减少，鱼类死亡。在酸性基岩和酸性土壤地区，因环境对酸度的缓冲能力弱，更易加速湖泊酸化。

指每5亿6000万个水分子中有1个H⁺的状态。每当pH值降低1，H⁺与水分子数量比就增大10倍，水的酸性就变得更强。

实际上，雨水会与大气中的二氧化碳（约占大气的0.04%）发生反应生成碳酸，但是，如果仅是这些反应，其pH值也就是5.6左右，呈现出弱酸性，因此pH值是否小于5.6是判断酸雨的重要标准之一。有一点需要注意，自然形成的SOx和NOx，有时也会使得雨水的pH值出现小于5.0的情况。

仅凭pH值，还无法判断酸雨的影响。大气中的氨气NH₃可以中和雨的酸性，在日本，由于氨气的作用，雨水的pH值又增加了0.3左右。但是，溶于雨水的氨气NH₃最终会变为HNO₃，对生态环境造成与酸雨相同的影响。此外，由于日本国内的降水量较多，在同等条件下，即使pH值相同，也会有更多的酸性物质进入土壤、河流和湖泊。

图　**SOx和NOx导致酸雨的机制**

● 日本的降雨

日本各地降雨的pH平均值为4.5～5.0。欧洲的平均值曾经达到过 4.0 左右，但是，现在日本、东亚、欧美等国家和地区，雨水的酸性基本在同一水平线上。

日本并未像欧美那样遭受到严重的酸雨影响。究其原因，笔者认为是日本国内的土壤中具有许多可以中和酸性的成分。然而，在日本丹泽和奥日光等地区，我们观测到了森林枯死的现象，这可能与 NOx 形成的光化学氧化剂造成的影响有关。

也就是说，在分析酸雨带来的影响时，不仅仅要重视雨水呈现出酸性的问题，还必须考虑二氧化硫和 NOx 导致的大气污染问题。

与光化学氧化剂一样，在二氧化硫方面，也要面对跨境污染的问题（参照上一节），这是需要举整个东亚之力共同采取应对措施的重要课题。

它能诱发"高铁血红蛋白症"！

执笔：左卷健男

大家在高中时肯定都学过硝酸，它是一种与盐酸和硫酸同等重要的酸类，其分子式为HNO_3。其中，H代表氢原子、N代表氮原子、O代表氧原子。如果将H替换为钾K或者钠Na等，就会形成硝酸盐。例如：用钾代替氢后，就会生成硝酸钾KNO_3。

所谓硝酸盐氮是指硝酸盐中含有氮N。硝酸盐溶于水后会分解，比如：硝酸钾KNO_3会分解成为钾离子K^+和硝酸离子NO_3^-。硝酸盐氮会以硝酸离子NO_3^-的形式存在。

水中的硝酸盐氮，也就是硝酸离子，是氮肥、家畜粪尿、生活污水中含有的氮化合物与氧发生反应分解的产物。

● 硝酸盐氮增加后，会带来怎样的影响？

婴儿和胃液分泌较少的人一旦喝了含有硝酸盐氮的水，部分硝酸盐氮就会在体内转化成亚硝酸盐氮（亚硝酸离子NO_2^-中含有的氮），并逐渐被吸收。

这些亚硝酸盐氮一旦与血液中的血红蛋白相结合，就会将其变为无法运载氧气的高铁血红蛋白，从而诱发贫血症等危害健康的病症（高铁血红蛋白症）。相关报告显示，欧美各国出现过多起该类病例，甚至还有致死的情况。此外，如果喝了含有硝酸盐氮的水，还会在胃中形成致癌物——N-亚硝基化合物。

　　因此，日本设定了水质标准，对自来水、地下水和河流等公共水域的硝酸盐氮含量进行了明确规定，要求保持在 10mg/L 以下（包括硝酸盐氮分解过程中生成的亚硝酸氮）。但是，相关报告显示，在地下水中，仍频繁发生硝酸盐氮超标的情况。

　　此外，一旦含有大量硝酸盐氮的水流入湖泊、东京湾等水域，还会加剧水体的富营养化[①]（由于水中的氮或磷等元素增加，导致植物浮游生物等生长繁殖加速的现象）。

图　硝酸的结构式　　　　　　　　　图　硝酸离子的结构式

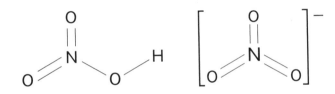

图　诱发高铁血红蛋白症的机制

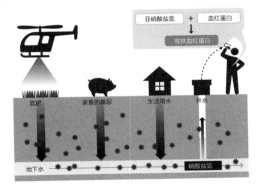

---

　　①　水体富营养化（eutrophication），指的是水体中 N、P 等营养盐含量过多而引起的水质污染现象。其实质是由于营养盐的输入输出失去平衡，从而导致水生态系统物种分布失衡，单一物种疯长，破坏了系统的物质与能量流动，导致整个水生态系统逐渐走向灭亡。

与普通灰尘大相径庭的"粉尘"

执笔：池田圭一

从广义上来讲，飘浮在空气中的细小微粒都属于粉尘。在日本的《大气污染防治法》中，将对人体造成特别危害的部分粉尘称为"特定粉尘"，其中包括诱发肺癌和间皮瘤等重大疾病的"石棉"（参见下节）。

那么，其他的粉尘又是否有害呢？如果长期、持续、大量将其吸入到体内，部分粉尘就会沉积在肺中，导致尘肺病等肺部疾病。

尘肺病往往容易发生在细微粉尘飞舞的工作场所，例如：石粉、煤炭、金属等细微碎片飘浮的矿山和煤矿等挖掘现场，以及金属加工厂等，它往往会导致人慢性呼吸困难。在2011年3月11日爆发的东日本大地震中，由于海啸灾害产生了大量破碎瓦砾。从这些瓦砾中飞散出的石棉和海啸带来的海底泥在干燥后，又被风卷起形成颗粒，引发了大面积的粉尘问题。

● 还要注意身边的微粒物质

另一方面，物体燃烧时产生的烟雾，也是由细微颗粒构成的，从这一点来看，它也应该被归属于粉尘的范围。但是，我们却将其称为煤烟或煤尘。人们并未将自然发生的细微颗粒列为粉尘，比如：每年春天大规模飘飞的可诱发花粉症的杉树花粉、被强风卷起的地面灰尘和沙土以及从内陆袭来的黄沙等。相关研究表明，这些细微颗粒中是附着了有害的化学物质的。

●所谓PM2.5是指什么?

　　在日本国内，已经针对10μm（微米）以下的有害颗粒物质给予了充分关注。但是，特别是近年来，2.5μm（微米）以下以及非常细微的有害颗粒物已逐渐成了一个大问题，我们将其称为PM2.5。其主要来源于工厂、汽车、火车、土壤等多个领域，成分复杂，几乎是各种物质的混合物。正是由于其体积小，才更容易在大气中滞留，也更容易被吸入人体内，对我们的呼吸器官和循环系统造成不良的影响，这一点令人备感担忧。

　　以PM2.5为代表的大气污染物质的浓度，除了会发布在日本环境省的主页上，有时还会在天气预报中对外公布。

　　这些呈细微颗粒状的微小有害物质，一旦进入人体，就很难被排出。因此，最好的解决方法就是尽量避免吸入。如果官方发布了PM2.5等的预警报和警报，大家就要控制室外活动。当无法避免在粉尘较多的场所停留时，应采取必要的应对措施，比如：佩戴高性能口罩等。

图片：PM2.5、杉树花粉和头发尺寸的比较

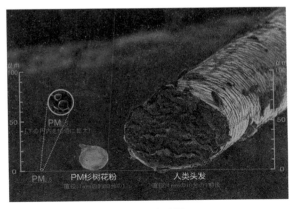

摘自：东京都主页

时至今日仍未解决的"石棉"顽疾

执笔：池田圭一

大家是否有过路过拆除建筑物的施工现场附近的经历呢？我想当时大家一定看到过"去除石棉"等字样的醒目标志。也许大部分日本人还会记得这样一则新闻，曾经出现过政府回收学校使用的含有石棉的物理实验器材（附带石棉的金属丝网），报道之后一时闹得沸沸扬扬。

●石棉是自然矿物

石棉，又称为"石绵"，是自然形成的矿物。岩浆冷凝后会形成矿物，这些矿物在地下高温、高压环境下，会再次结晶形成细长的纤维状物质，这就是石棉，它具有良好的耐用性和耐热性，并具有较高的绝热性。人们充分利用其特性，将石棉广泛用于建筑材料（绝热性材料）、工业产品和家庭用品中。

但是，后来人们逐渐了解到石棉是肺癌和间皮瘤的重要致病因素，因此，开始在世界范围内禁止使用石棉。

每根石棉纤维的粗细大概只有头发的几千分之一，非常容易飘浮在空气中。一般情况下，灰尘和细菌等进入人的肺部后，会被一种白细胞——巨噬细胞吞噬，并被分解和消化，转化为无害物质。但是，巨噬细胞却无法分解矿物中的石棉。非但不能分解，在吞噬石棉后，巨噬细胞还会衰亡，从而引发周围的细胞发生变异，进而诱发癌症和间皮瘤等疾病。

●想要彻底解决问题仍需时日

在日本国内，2011 年开始禁止使用石棉，禁用范围涵盖了包括工业产品在内的所有产品。但是，之前建成的建筑物中仍残留着大量的石棉。在公共设施中，政府采取了许多措施来防止石棉粉尘飞散，但是，要想彻底拆除、废弃所有使用石棉的建筑物，至少还需要30年～50年的时间。

图　棚顶等中使用的石棉。

图　使用石棉的场所

大厦的停车场
（在大空间内喷涂的隔热材料）

工厂的配管
（L形部分以及锅炉的保温材料）

学校等的公共设施
（旧的消音天花板）

席卷日本东半部地区的大地震、海啸以及熊本地震发生后，在这些灾害中产生的大量瓦砾等，也存在导致石棉粉尘飞散的风险。据媒体相关报道，从长远来看，日本各级政府应趁着举办2020年东京夏季奥运会和残奥会之机，利用翻新旧建筑的机会，采取一系列措施解决石棉问题，这一点非常重要。

石棉问题依然存在，并且今后仍将长期存在下去。

电池中的毒物——镉

执笔：池田圭一

您之前听说过镍镉蓄电池（镍镉电池）吗？可以说，时至今日，镍镉蓄电池仍广泛应用于便携式电剃须刀和无线吸尘器等充电后可以反复使用的家电产品中。这种充电电池使用了镍和镉两种金属，但真正存在问题的是镉。与其说镉对人体有害，不如说它具有毒性。在工厂中，如果人体暴露在含有大量镉元素的环境中，比如吸入含有镉微粒的蒸汽，就会诱发急性中毒。不仅如此，蓄积在人体内的镉还会带来长期的危害。长期持续吸入极少量的镉，同样也会对人体造成危害。

●成为导致环境污染的原因

在人们没有发现镉元素具有毒性之前，与矿山相关的工厂会直接向河流中排放大量含有镉的工厂废液。这就对下游流域的土壤造成污染，之后，这些镉元素通过在被污染的土地中种植的蔬菜和大米进入人体，诱发了食用者肾功能异常和重度软骨病。这就是日本著名的四大环境污染病之一——痛痛病，20世纪最初10年～70年代间，这种病在日本富山县富山市大规模暴发，导致了严重的后果。

在日本的《食品卫生法》中，参照国际标准，将大米中的镉含量定为0.4mg/kg以下。过去，镉含量超标的大米会面向工业流通，结果出现了将其用作制作脆饼等原料的食品造假问题。现在，政府会购买所有的超标大米，然后实施焚烧、废弃处理。

为了避免再有镉金属流入环境中造成污染，我们应从自身做起，不随意丢弃身边的镍镉电池等，而是将其投入电器商店的循环利用回收箱中，做到正确的回收处理。

参考：日本农林水产省《食品中的镉元素相关信息》

表 **元素周期表**

金属 半金属 非金属

	1	2	3	4	5	6	7	8	9	10	11	12	13	14	15	16	17	18
1	H																	He
2	Li	Be											B	C	N	O	F	Ne
3	Na	Mg											Al	Si	P	S	Cl	Ar
4	K	Ca	Sc	Ti	V	Cr	Mn	Fe	Co	Ni	Cu	Zn	Ga	Ge	As	Se	Br	Kr
5	Rb	Sr	Y	Zr	Nb	Mo	Tc	Ru	Rh	Pd	Ag	Cd	In	Sn	Sb	Te	I	Xe
6	Cs	Ba	ランタ	Hf	Ta	W	Re	Os	Ir	Pt	Au	Hg	Tl	Pb	Bi	Po	At	Rn

镧系	La	Ce	Pr	Nd	Pm	Sm	Eu	Gd	Tb	Dy	Ho	Er	Tm	Yb	Lu
锕系	Ac	Th	Pa	U	Np	Pu	Am	Cm	Bk	Cf	Es	Fm	Md	No	Lr

从元素周期表的纵列来看，镉Cd处于锌Zn和汞Hg之间的位置。锌是人体不可或缺的元素，如果人体缺锌，就会导致味觉障碍（表现为丧失味觉的症状）。但是，镉和汞就不同了。汞也是对人体有害的金属，日本人曾经将含汞的工厂废液直接排入海中，其中的甲基汞通过鱼和贝类进入了人体，最终导致了人们患上水俣病、第二水俣病。

表 **镉金属的主要用途**

●镍镉蓄电池（镍镉电池）的电极
●塑料的染色材料或绘画颜料（特别是黄色的油画颜料）
●半导体、荧光体、太阳能电池的原材料
●低熔点特殊合金的成分（现在已经不使用）
●部分镀金材料（现在基本不使用）

铬的两副面孔

执笔：一色健司

铬是一种银白色的硬质脆金属。在自然环境中，它以三价铬和六价铬的价态存在，其中，三价铬表示基态原子失去3个电子的状态，六价铬表示基态原子失去6个电子的状态。岩石和矿物中所含的铬基本都是三价铬，但是，当岩石和矿物中所含的铬溶于水后，就会与空气溶于水生成的氧发生氧化反应，生成六价铬。因此，河水和海水中的铬，基本都是六价铬。

●六价铬的危险性

六价铬主要表现为铬与多个氧原子相结合的形态，其中的代表性物质包括铬酸根（CrO_4^{2-}）以及重铬酸根（$Cr_2O_7^{2-}$）。六价铬的氧化能力极强，并且具有毒性。在国际癌症研究机构（IARC：International Agency for Research on Cancer）发布的关于致癌性的科学证据强度的分类中，将六价铬列入了"Group 1"，也就是说，将其归类为确实对人体具有致癌性的物质。六价铬一直被用作涂料的色素原料和电镀时使用的药品。但是，由于操作不当，曾发生过六价铬导致作业人员皮肤溃疡、鼻中隔穿孔以及肺癌的意外；同时，泄漏的六价铬还曾经对周边的土壤和地下水造成污染，诱发严重的事故。由于六价铬具有严重的毒性，因此，在日本的《关于保护国民健康的环境标准》中，将水域中的六价铬限制在0.05mg/L以下。

　　此外，如上文所述，河水和海水中的铬基本都是六价铬，但是，实际上海水中的铬浓度大约只有0.0001mg/L。即使在流经含有大量铬元素地带的河流中，其铬浓度也不超过0.01mg/L。因此，只要能严格控制人为排放六价铬，我们就完全没有必要担心污染、中毒的事情。

　　另一方面，三价铬基本上不具有毒性，只要是从食品中适当摄入，对人体是完全没有危险的。虽然人体内只含有极其微量的铬，但却对人体保持各种代谢具有重要的作用，对我们而言，是不可或缺的元素。

图　六价铬的危险性（联合国GHS文件①中规定的象形图）

健康危害	腐蚀性	环境危害
如，呼吸器官障碍、致癌性、生殖毒性等。	如，腐蚀金属、皮肤障碍、眼损伤等。	如，危害水生环境等。

　　GHS是联合国指导各国建立统一化学品分类和标签制度的规范性文件体系。除了上述各图，还有"急性毒性""高压气体"等各种象形图，被广泛应用于产品标签和吊牌中。从2017年开始，GHS文件中规定的象形图四角边框有义务被印刷成红色。

---

① 　《全球化学品统一分类和标签制度》（Globally Harmonized System of Classification and Labeling of Chemicals，简称GHS，又称"紫皮书"），是由联合国于2003年出版的指导各国建立统一化学品分类和标签制度的规范性文件，因此也常被称为联合国GHS。联合国GHS第一部发布于2003年，每两年修订一次。2005年进行第一次修订，现行版本为2015年第六次修订版。

●不锈钢中的铬不会溶出

不锈钢是指在铁中加入铬和镍制成的合金，一般不锈钢中含有13%～25%的金属铬。不锈钢之所以不易生锈，是由于其表面与空气中的氧发生反应后生成一层氧化铬薄膜，这层薄膜具有非常强的耐腐蚀性。电镀铬不容易生锈也是因为同一原因。

这层薄膜中的铬是三价铬，基本不会溶出，并且不锈钢也不会溶出六价铬。所以，请大家放心使用不锈钢餐具和电镀铬器皿。

自然界中也存在的放射性物质和射线

执笔：山本文彦

放射线和放射物不仅会对受辐射者本人造成健康危害，其影响还可能波及下一代，这一点令我们担忧。

放射线具有极强的能量，可以使原子发生电离，使胶卷发生曝光，具体可以分为阿尔法射线（α射线）、贝塔射线（β射线）和伽马射线（γ射线）。放射线能够改变人体的结构成分，并损害基因，因此，需要特别关注放射损伤。人们将释放放射线的能力称为"放射性"，将具有放射性的物质称为"放射性物质"或者"放射性核素"。

一般将人体暴露在放射线中的情形称为"被辐射"。这与原子弹等炸弹爆炸导致的危害并不相同。放射线损伤人体的症状包括：内脏功能衰竭、烧伤等早期损伤，以及致癌性、白内障等延迟性损伤。无论哪种损伤，都是受辐射量越大，危险性越高。

●自然界的放射性

我们身边到处都是放射性物质，放射线更是交错存在。从地球诞生之时开始，自然界中就有了铀、钍、氡、放射性钾等元素，大地不断向外释放射线。此外，地球上还有来自宇宙的射线，它们与大气中的氮元素发生反应，不断生成放射性碳元素和氚元素等放射性物质。人们将自然存在的辐射称为"自然辐射"，仅是每人每年受到的自然辐射大约就达到2.4mSv（Sv：西韦特，mSv：毫西韦特）[1]。所谓"西韦特"是一种从影响人体健康的角度考量的辐射计量单位。

图 自然放射线的年辐射量（2.4mSv /年）

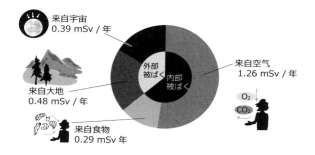

来自宇宙
0.39 mSv / 年

来自空气
1.26 mSv / 年

来自大地
0.48 mSv / 年

外部
被ばく 内部
被ばく

来自食物
0.29 mSv 年

O_2
CO_2

根据United Nations Scientific Committee on the Effects of Atomic Radiation "UNSCEAR
2008 REPORT Vol.1" 中的数值制图。

● **我们体内的放射性物质**

我们体内也存在放射性物质。地球上所有的钾大约有0.02%是具有放射性的，因此，我们在食用含钾的食物时，也一定会摄入放射性钾，其本身就包含在人体的组成成分中。除了放射性钾，碳元素中含有的放射性元素碳14等也是人体的组成成分。如果计算一

---

① 西韦特（sievert），又称希沃特（缩写 Sv）是基本辐射剂量的单位之一，是一个由于人类健康安全防护上的需要而确定的具有专门名称的国际单位制导出单位。为物理量剂量当量（H）、周围剂量当量、定向剂量当量、个人剂量当量的单位。但西韦特单位表示相当大，所以常会用毫西韦特（mSv）与微西韦特（μSv）来表示，1 西韦特等于 1000 毫西韦特，而 1 毫西韦特等于 1000 微西韦特。人类身体所能承受的以辐射场的强度与暴露时间的相乘积计算辐射剂量，因此以"辐射水平"的单位"微西韦特 / 小时"及"毫西韦特 / 年"两种较常见。

下这些放射性物质的总量，就会发现平均每个人每秒都有约700 Bq
（贝可勒尔①）的放射性活度。贝克勒尔是用来表示放射性核素每秒
钟原子核发生衰变的数量单位。

　　无论是谁，身体内都带有放射性物质，无时无刻不在对外辐射。地
球上的所有生物都无法避免被辐射。虽然从理论上讲，并不存在绝对安
全的辐射量。但是，至今为止，尚未发现自然放射线辐射导致人健康受
损的证据（关于人造放射性物质，请参照下节）。

---

①　贝可勒尔（Becquerel），放射性活度的国际单位，简称贝可，符号 Bq。1975
年第十五届国际计量大会为纪念法国物理学家安东尼·亨利·贝可勒尔，将放射性活
度的国际单位命名为贝可勒尔。放射性活度是指每秒钟有多少个原子核发生衰变。
放射性核素每秒有一个原子发生衰变时，其放射性活度即为 1 贝可勒尔。

当核泄漏时我们怕的是什么?

执笔：左卷健男

2011年3月11日爆发东日本大地震之时，由于地震和海啸造成核电站事故，导致土壤、水、蔬菜等农作物、牛奶和鱼贝类受到辐射，特别是放射性碘和铯元素的辐射。

●放射性碘131元素都隐藏在哪里?

发生重大事故的东京电力福岛第一核电站使用的核燃料是铀235。235这个数字是铀原子核中的质子数与中子数之和。同为铀元素，虽然原子核中的质子数相同，但是中子数却不尽相同。为了区分中子数不同的铀元素，人们在元素名后追加了质子数和中子数之和的数字。铀元素除了铀235，还有铀238等。它们的原子核种类不同，性质也不相同，又被称为"核素"[①]，一个元素的各个核素互为同位素。

在核反应堆中，核燃料铀235发生裂变时，释放出的热能可以将水加热，产生高温、高压的水蒸气，从而驱动涡轮发电。

铀235发生核裂变时，会生成比铀原子核小的各种各样的放射性核素，其中，数量比较多的是碘131和铯137。除此以外，还会生成

---

① 核素，是指具有一定数目质子和一定数目中子的一种原子。同一种同位素的核性质不同的原子核，它们的质子数相同而中子数不同，结构方式不同，因而表现出不同的核性质。

铯134以及锶90等。这些放射性核素本应该被密封保存在核燃料棒包壳的芯块中，但是，由于包壳或芯块发生损坏、熔毁，再加上核反应堆的压力壳或保护壳遭到损伤，这些放射性核素就会与水蒸气或水混合，被排放到外面。

●摄入体内的内部辐射

我们将放射性核素总量变为一半的时间称为半衰期。碘131的半衰期大约为8日，铯137的半衰期大约为30年，铯134的半衰期大约为两年。因此，碘131的总量在8日时会衰减为一半，再过8日时会衰减为四分之一，如果再过8日会衰减为八分之一。这也就意味着，大约1年以后，碘131就会全部消失。有时，人们会在下水道的淤泥中检测出碘131，这是由于甲状腺疾病患者接受体内放射性药物注射后，通过尿液向外排泄药物的缘故。另一方面，铯137即使经过1年时间，也不会出现一点儿衰减。但是，日本福岛第一核电站排放出的是铯137和铯134的混合物，其比例大约为1:1，据此推算，两年以后它们会衰减为原来的60%左右，在3年以后衰减到原来的一半左右。

图　**放射性物质容易聚积的场所**

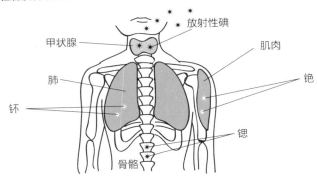

在体外受到放射线辐射（体外辐射）当然是非常严峻的问题。但是，在摄入含有放射性物质的水或食物时，内部辐射的问题也不容小觑。碘容易聚积在甲状腺中，铯容易替代钾聚积在肌肉中。从目前来看，日本国内并未出现福岛第一核电站发生事故时人们普遍担忧的内部辐射，但是，我们必须提高警惕，继续密切关注相关动向，避免发生悲剧。

让人头疼的放射性废物

执笔：藤村 阳

所谓"放射性废物"是指无用的放射性物质和被放射性物质污染的废物，它们在核发电时会大量产生。除此之外，在使用放射性物质实施医疗检查以及核武器持有国制造核武器的过程中，也会产生放射性废物。我们不能随意处置放射性废物，必须遵守相关法律。在2011年日本东京电力福岛第一核电站的事故中，大量放射性物质侵入日本国土，污泥、去污废物、放射性瓦砾等无一幸免，产生的放射性废物数量之巨，远远超出了之前人们设想的各种情形。

●高水平放射性废物①

在放射性废物中，核发电用剩的乏燃料的放射性非常强，人只要在其附近停留几秒，就会受到足以致死剂量的γ射线辐射。因此，世界各国共同将其称为"高水平放射性废物"，加以区别对待。

在日本国内，并不将使用过的核燃料当作废物处理，而是对其实施化学再处理，提取钚和铀，并用玻璃将剩下的废液固化为"玻璃化

---

① 高水平放射性废物（英文：high level radioactive waste，缩写 HLW），简称高放废物，是指放射性核素的含量或浓度高，释热量大，操作和运输过程中需要特殊屏蔽的放射性废物。

固体"[1]，也就是所谓的"高水平放射性废物"。

●只能填埋处理的放射性废物

放射性废物最终都要填埋到地下。目前，在日本国内，只是对核电站运行产生的放射性较弱的物质（废器材、过滤器、废液、消耗品等）进行填埋处理，具体填埋地点为青森县六所村。

表　日本由于核发电导致残留废物的实例

●乏燃料 先储存在核电站反应堆的内置储藏池中，然后运送至再处理工厂
●高水平放射性废物 在实施乏燃料再处理时，对产生的废液进行固化处理后产物（玻璃化固体）
●低水平放射性废物 核电站中的控制棒、反应堆内装置、废器材、过滤器、废液、消耗品等
●放射性物质污染废物 ·采取应对措施的地区内的废物（位于福岛县警戒区或计划的避难区内的物质） 　包括东京电力福岛第一核电站事故排放出的放射性物质在内的灾害废物、废材料等 ·指定废物 　同样含有放射性物质的焚化灰、稻草、堆肥、土堆、下水道淤泥等

然而，在世界范围内，还没有任何国家对高水平放射性废物进行过地下填埋处理。高水平放射性废物的放射性会逐渐减弱，但是，有些放射性核素的半衰期甚至超过了1万年。如果这些废物大量泄漏到人们的生活环境中，恐怕会对人类的健康造成巨大的负面影响。因此，

---

[1]　放射性废物玻璃化，是指将放射性废液转化为玻璃固化体的过程。这是一种已达到商用规模的放射性废液固化方法。放射性废液在高温下熔制成玻璃。使放射性核素固定在玻璃体内。适用于固化高放射性废物的玻璃主要有硼硅酸盐玻璃和磷酸盐玻璃两种。

需要将它们填埋到地下300米以下的深度，人们将这种处理方法称为"地质处置"[①]。在日本国内，从2002年开始政府就公开征集实施地质处置的地点，但是，时至今日仍未确定候选地。2015年，日本政府开始采取积极姿态努力推进这项工程的落实。

　　就算选定了候选地，开展地下深度的合理性论证和建设施工，也需要10年以上的时间，而填埋则需要50年的工期。除了高放射性废物，还有许多放射性较强或对人体健康影响较大的放射性废物。由此可见，核发电仍有许多难题需要我们继续攻克。

---

　　① 　地质处置（geological disposal），是指在深几百米的稳定地层中，采用工程屏障和天然屏障相结合的多重屏障隔离体系，将高放射性废物与人类生物圈长期、安全隔离的处置方式。

"理想核燃料"的落选之旅

执笔：藤村 阳

钚元素不是一种天然存在的元素，它是由铀元素经中子照射后转换形成的。钚最先是1940年由美国人发现，由于钚的核裂变是非常容易被激发的，可以利用它的这一特性为核武器提供原料，因此，美国一直将其作为机密严格管控。不久，在美国诞生了世界上首个核反应堆，用来生产原子弹使用的钚，1945年8月，美国在日本长崎投放了使用钚的原子弹。直到第二次世界大战结束后，钚这一新元素才得以对外公布。之后，钚不仅继续应用于原子弹，还在氢弹的引爆装置中被广泛使用。

● 作为理想核燃料的期望最终沦为黄粱一梦

在使用钚作为燃料的快中子增殖反应堆（参见下节）这一特殊核反应堆中，其内铀生成的钚量只比发电所消耗的钚量稍多一点。

铀作为核燃料只能维持100年左右的寿命，而且铀属于贫乏资源。这是由于易于发生核裂变的铀235只占铀总量的0.7%左右。从这一点来看，快中子增殖反应堆在发电的同时，还能利用占铀总量99.3%的不易发生核裂变的铀238生成钚，因此，在上世纪50年代，人们曾期待钚能够创造出供人类使用1000年以上的核燃料。

但是，时至今日，快中子增殖反应堆仍未成为现实。美国、苏联、法国、德国等利用核能比较充分的发达国家纷纷从最初的积极研发，转为消极退出，最终导致人们对钚的美好期望成为黄粱一梦。

● "毒王之王"？

钚不易被肠胃吸收，但是，飘浮在空气中时容易被吸入人的肺中，之后会沉积到骨骼里，因此，它可能诱发肺癌和骨癌。

在国际辐射防护委员会（International Commission on Radiological Protection）发布的建议中，规定人每年摄入钚的最大容许值仅为300万分之1克。我们姑且不论"毒王之王"这个称呼是否准确、合适，有一点是可以确认的，那就是钚是实实在在的危险物质。

● 钚的近况如何？

在使用铀作为燃料的常规核发电过程中，核燃料内生成的钚会发生核裂变，担负三成左右的发电功能。

图　从铀238中生成钚239的机制

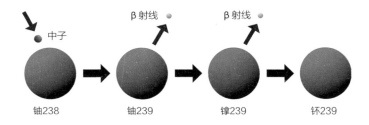

在日本国内，作为未来利用快中子增殖反应堆之前的适应性阶

段，采用的是核燃料循环①利用政策，即：通过核燃料再处理，从贫铀燃料中提取钚，然后，在常规核反应堆中使用。这种方法在经济上并没有实际意义，而且对于乏燃料的处置也非常困难。从现实角度来看，核燃料在再处理阶段仍存在许多问题，可谓举步维艰。

美国和俄罗斯已经就削减核武器达成一致，但它们为如何处置拆卸核武器产生的多余钚而感到头疼不已。没能成为"理想核燃料"的钚如今反倒变成了烫手的山芋，是人人避之不及的负价值资产。

---

① 核燃料循环是指核燃料进入反应堆前的制备和在反应堆中燃烧后的处理的整个过程。这个名称反映了核燃料在反应堆中只能烧到一定程度就必须卸出并换上新燃料这个特点。乏燃料（即烧过的燃料）中的铀和钚可以分离出来并返回反应堆，作为燃料循环使用，形成核燃料的循环。

为什么钠会成为文殊核反应堆的难题？

执笔：藤村 阳

1995年12月8日，文殊快中子增殖反应堆发生了钠元素泄漏导致火灾的事故，这堪称日本科学技术史上的一个重大事件。

快中子增殖反应堆是一种可以一边发电，一边生成钚元素的"理想中的核反应堆"（参照上节）。但是，钠的利用却成了技术瓶颈，在众多核技术发达国家纷纷从积极推进研发向不得不放弃的方向转型后，日本也重蹈覆辙。这一反应堆事故的原因是初期阶段的设计存在重大缺陷，这也成为日本面对的一个非常棘手的问题。

● 为什么使用存在危险性的钠元素？

快中子增殖反应堆使用液体金属钠，作为向水中传导核裂变产生热能时的冷却剂。钠元素容易与水发生反应，但在设计时只用一层很薄的金属配管进行了隔离，可以说钠与水是紧贴在一起的。在核反应堆内流动的钠处于500℃以上的高温状态，因此，只要从配管中稍微向外渗出一点儿，就会与空气中的水分发生激烈的化学反应，从而引发火灾。

当时选择钠作为冷却剂的最大原因在于：钚239发生核裂变时生成的高速中子即使与钠发生撞击，也不会减速，这是钚增殖的关键点。

高速中子激发钚239发生核裂变后，生成的中子个数只是稍稍增多而已，除了核裂变所需的中子以外，仅能勉强确保将核反应堆内的铀238转化为钚239所需的中子。所谓"快中子增殖反应堆"，其实就是通过"高速"中子慢慢"分裂增加"钚的核反应堆。

世界上许多用于发电的核反应堆都用水作为冷却剂，用来减缓中子速度，从而更加轻松地激发核裂变。另一方面，为了保持中子的高速状态，快中子增殖反应堆则使用含有重原子的液体金属作为冷却剂。钠属于难以驾驭的液体金属中出问题较少的，性价比较高的元素，因此，用排除法选择了钠。但是，钠元素非常容易发生反应，它仍然存在许多值得商榷的地方。

图　快中子增殖反应堆的运行机制

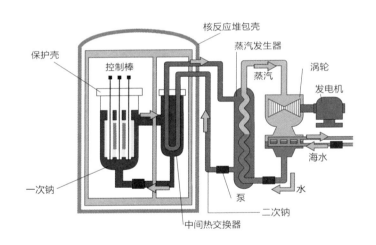

●**事故发生之后的文殊快中子增殖反应堆**

自从发生事故以后，文殊快中子增殖反应堆一直处于关停状态。直到2010年5月，日本政府认为文殊反应堆已经采取了充分的安全措施，并据此下达通知，决定重新启用它。然而，仅仅过了3个月，在当年的8月份，核反应堆内就发生了零件坠落的事故，不得不再次关停，随后又不断爆出检查疏漏、报告造假等管理体制方面的严重问题。由于整个文殊快中子增殖反应堆耗资1兆日元，却一直处于关停状态，每年还要付出200亿日元的维护经费，因此，2016年开始日本政府积极推进协调措施，准备对该反应堆进行永久性关停废弃。

废品变身新型武器

执笔：藤村 阳

所谓贫铀是指在制造原子弹和核发电燃料时，经过不可或缺的铀浓缩工序后产生的铀，也就是剩下的残渣铀。因此，许多核电站一般都会回收使用贫铀。

贫铀的放射性比天然铀稍弱一些（大约是天然铀的60%），铀本身也有与其他重金属同等程度的毒性。

在海湾战争中，美军在炮弹中使用了贫铀，后来有些媒体和个人指责贫铀导致当地居民和回国的美军士兵出现了健康问题。

●铀浓缩是指什么？

在天然铀中，容易发生核裂变的铀235只占铀总含量的0.7%左右，剩余约99.3%都是难以发生核裂变的铀238（参照上节）。如果想在核电站中被当作核燃料使用，最少需要铀235占3%左右的浓缩铀。

我们可以利用铀235原子和铀238原子之间存在的微小质量差，通过离心分离法，获取浓缩铀。在这种情况下，必然会生成数倍于浓缩铀的铀235含量在0.2%～0.3%的贫铀。

●无用之物——贫铀

如果快中子增殖反应堆（参照上节）成为现实，那么，我们就可以将贫铀当作铀238使用，从而用来生成钚239，因此，在日本国内，将贫铀定位为"可用资源"。但是，从现状来看，贫铀无疑已经沦为了废物。

为了确保铀可以自由活动，在铀浓缩时使用了呈气态的六氟化铀。六氟化铀在常温状态下是固体，当温度升高至56.5℃时，它就会变为气体。此外，六氟化铀非常容易腐蚀容器，并且可以与空气中的水分发生反应，生成有毒的氟化氢。目前，世界上大约有150万吨的贫铀，其中绝大多数都是以六氟化铀的形态贮存管理的（日本约有1万吨）。

● 贫铀转用于武器研发

贫铀在贮存管理方面需要付出巨大精力，由于金属铀的密度较大（是铁的2.4倍、铅的1.7倍），因此，被用来作为平衡飞机和直升机机体重量的砝码。

将贫铀用于炮弹后，可以提升炮弹的穿透力，并且能够引发铀燃烧，产生更高的温度，有利于提升武器的性能。扩散无法废弃处置的放射性物质，本来就非常不妥了，更何况用来制造武器。我们衷心希望世界上的武器能够越来越少，战争能够永久停息。

图 铀的加工与废物

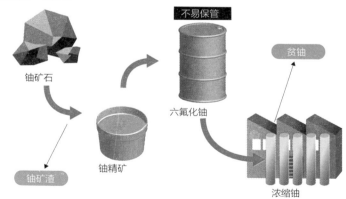

不易保管

铀矿石

铀矿渣

铀精矿

六氟化铀

浓缩铀

贫铀

对氢能的期待与现实

执笔：一色健司

　　作为矿石燃料[①]的替代能源，由于具有抑制温室气体排放的效果，氢能备受业界关注。无论是直接燃烧，还是通过燃烧电池[②]燃烧，氢都不会产生二氧化碳和毒害气体，只会生成水。因此，其被公认为是环境负担极小的能源来源。此外，氢元素本身实际上以水的形式海量存在，取之不尽用之不竭，人们完全不必担心元素枯竭的问题。如果可以利用可再生能源，从水中提取出氢元素并实际使用，则用后的氢元素又会变回水，算得上是一种可以一直循环利用的能源了。

● 如何制氢？

　　现在，在工业领域，一般通过重整矿石燃料制氢，这并不是一种使用可再生能源的制氢方法。目前，业界主要讨论的制氢方法包括两种：一种是水电解制氢，即使用水对通过可再生能源发电手段（太阳

---

① 　矿石燃料，也称化石燃料，是一种烃或烃的衍生物的混合物，其包括的天然资源例如煤炭、石油和天然气等，是由死去的有机物和植物在地下分解而形成的，属于不可再生资源。

② 　燃烧电池，是一种把燃料所具有的化学能直接转换成电能的化学装置，又称电化学发电器。它是继水力发电、热能发电和原子能发电之后的第四种发电技术。由于燃烧电池是通过电化学反应把燃料的化学能中的吉布斯自由能部分转换成电能，不受卡诺循环效应的限制，因此效率高。

能发电和风力发电等）发出的电实施电解；另一种是对生物质甲醇甲烷（依赖木屑和下水道污泥生存的生物资源）进行催化作用。由于生物都是由水和二氧化碳合成的，归根结底这种方法也是以水作为原料制氢的。

　　不仅如此，还存在更为关键的问题。在使用水电解方法制氢的情况下，面临着可以直接使用发出的电而不必刻意使用氢能的尴尬局面。如果硬要说制氢的优点，恐怕也就是可以储存了。另一方面，在使用生物质甲醇等生物质制氢的情况下，如果可以直接使用甲醇，那么完全没有必要刻意转换为氢元素再利用。因此，我们必须同时解决利用氢时到底有什么优点这一问题，否则就无法实现氢能的有效利用。

表　**氢能利用方面需要解决的问题**

● **研发高效大量制造氢的方法**
目前，工业上已经确立了通过电解法制氢的方法。但是，普及通过可再生能源进行发电的方法仍需时日。此外，通过生物质制氢的方法仍处于推进实际应用的阶段

● **研发安全可靠的低成本运输方法和储存方法**
由于即使实施压缩处理氢气也不会液化，因此，需要在高压状态下进行操作。这就要求研发出不会被氢气脆化的材料，以及可在低压条件下储藏的氢吸留材料

● **研发高效的低成本利用技术**
目前，有两种利用氢能的方法：一种是直接将氢能作为燃料的方法；另一种是通过燃烧电池发电的方法。关于后者，仍处于高成本、低效率的阶段

● **完善从制造到运输、储藏、消费的社会基础设施**
即使解决了上述技术问题，为了实现高效利用氢能，仍需要从零开始，不断完善基础设施建设

越来越高效的太阳能电池

执笔：一色健司

与上述氢能和生物质一样，备受瞩目的新型能源还有太阳能。我们称垂直射入地球大气外侧面的单位面积的太阳辐射能为太阳常数，其数值约为$1.4kw/m^2$。其中，穿透大气的比例大约占7成。所谓"太阳能电池的发电效率"是相对于入射全部太阳能的输出功率。目前我们在用的家庭太阳能电池的发电效率为15%～20%，因此，$10m^2$电池从正上方接收太阳能时的输出功率为1.5kw～2kw。

太阳能电池包括许多种类，随着技术不断革新，其发电效率呈逐年上升趋势。在当前主要使用的p型半导体和n型半导体组装的太阳能电池（单拼接型）中，发电效率的最高值可达25%。另一方面，科学家们还在研发多个半导体拼接叠加的太阳能电池（主流为三拼接型），其能够扩大可利用的波长。此外，还有人在制造发电效率超过30%的产品。但是，由于电池的成本过高，其利用范围仅限于比起成本更重视效率的宇宙空间。

如果我们使用透镜聚集太阳光，增加单位面积的能量，就可以提升发电效率。在使用三拼接型太阳能电池的聚光型电池时，发电效率可达46%，这是本书截稿时获得的最优数据（Champion Data）。同时，使用聚光型电池时，可以缩小太阳光入射方向变化带来的影响，可有效减少太阳能电池面积，对节约成本具有重要意义，在不久的将来有望实现推广使用。

第3章

人体**生存**问题中的化学物质

生态系统的幕后大佬

执笔：保谷彰彦

以人类为代表的许多生物都必须依靠氧气生存。但是，在大气中，最初并没有处于游离状态的氧气。如果看一下现在的大气组成，会发现氧气含量约占21%。但是，只要回溯一下地球诞生以来46亿年的历史，就会发现原始时代地球大气的主要成分是二氧化碳和氮气，基本上不存在氧气。

那么，大气中的氧气是如何增加的呢？

● 氧气增加的过程

人们从35亿年前的地层中，发现了蓝绿藻的化石。蓝绿藻是一种光合细菌[①]。这些蓝绿藻进行光合作用后，会生成并释放出氧气。海水中的氧气逐渐被释放到大气中。之后，在海洋中，诞生了进行光合作

---

① 光合细菌，是地球上出现最早、自然界中普遍存在、具有原始光能合成体系的原核生物，是在厌氧条件下进行不放氧光合作用的细菌的总称，是一类没有形成芽孢能力的革兰氏阴性菌，它以光作为能源，能在厌氧光照或好氧黑暗条件下利用自然界中的有机物、硫化物、氨等物质作为供氢体兼碳源进行光合作用的微生物。光合细菌广泛分布于自然界的土壤、水田、沼泽、湖泊、江海等处，主要分布于水生环境中光线能透射到的缺氧区。

用的真核生物①。

　　大气中的含氧量不断增加，对于生物进化而言，是一个巨大的转机。阳光中含有的紫外线与大气中的氧气发生反应后，生成了臭氧，最终地球形成了臭氧层。臭氧层具有吸收紫外线的功能，因此，地球通过臭氧层的作用阻隔了对生物有害的紫外线。这样一来，在臭氧层的保护之下，逐渐出现了从海洋进化到陆地的生物。

　　如上所述，发生光合作用的生物给大气带来了氧气，直接促使地球环境发生巨大的变化。

● 光合作用与叶绿素

　　能够证明陆地存在植物的化石最早可以追溯到大约4.25亿万年前。通过人类发掘出的各种各样的化石来看，最初阶段的陆地植物②是没有叶子的。具有所谓叶子的植物真正的出现时间是在3.6亿万年前。这距离植物祖先的出现，至少又经过了6500万年以上的时间。之后，具有"可以有效实施光合作用的叶子"的植物进一步繁盛起来，时至今日，除了沙漠和被厚厚的冰雪覆盖的地区，陆地上的大部分地区都被绿色有叶子的植物占据，呈现出广泛分布的局面。

　　植物进行光合作用是通过位于叶肉细胞③内的叶绿体进行的。在叶绿素中，含有具有吸收光能作用的"叶绿素"。这种叶绿素吸收的光

---

①　真核生物，是真核细胞构成的生物，包括原生生物界、真菌界、植物界和动物界。真核生物是所有单细胞或多细胞的、其细胞具有细胞核的生物的总称，它包括所有动物、植物、真菌和其他具有由膜包裹着的复杂亚细胞结构的生物。
②　陆地植物（英文名：land plants）为苔藓植物、蕨类植物和种子植物的总称，其中大部分为所谓的茎叶植物；是约 4 亿年前在志留利亚纪末期从水中迁侵于陆地上所形成的绿色植物的一群，即从绿藻类进化而来。
③　叶肉细胞，位于上、下表皮之间，叶肉细胞内含有大量的叶绿素，是植物进行光合作用的主要部分。多数植物的叶肉细胞分化为栅栏组织和海绵组织。

能正是光合作用的原动力。

　　叶绿素主要吸收太阳光中的红色或蓝色的光（在我们看来，太阳光是白色的，但实际上其中混杂着各种各样的颜色），基本上不吸收绿色的光。这样一来，无法被叶绿素吸收的绿光就会被反射出来（剩下的会穿透叶绿素），因此，叶子在我们看起来就是绿色的。

　　在光合作用中，植物利用太阳光能，可以从二氧化碳中生成糖和淀粉等有机物以及氧气。在蓝绿藻等光合细菌以及藻类中，利用叶绿素吸收的光能，也可以从二氧化碳中生成有机物。光合作用生成的有机物为许多生物提供了营养。也就是说，光合作用从生成氧气和合成有机物两个方面，支撑着整个生态系统。

谁才是真正的能量之源?

执笔: 小川智久

通常来讲, 所谓碳水化合物是指在微生物、植物以及动物等各种生物体内存在的生物聚合物之一——多糖。但实际上, 它还包括单糖和寡糖等所有糖类。有时也会被分类为消化性糖类和非消化性食物纤维。

多糖不仅仅以生物结构体和防御物质存在, 也就是所谓昆虫、虾蟹等甲壳类动物的外壳 (壳质) 和植物细胞壁 (纤维素)、细菌 (右旋糖酐)、藻类 (角叉菜胶、岩藻多糖、琼脂) 等形式存在, 还以植物淀粉、动物淀粉等贮存能量物质的形式存在。

● 作为碳水化合物之一, 淀粉的真实情况

在大家每日食用的主食中, 比如: 大米、小麦、豆类、薯类以及玉米等主要谷类, 都含有淀粉。淀粉是分子量达数十万至数千万的葡萄糖聚合物, 有直链淀粉和支链淀粉两类。其中不同的植物直链淀粉和支链淀粉所占的比重不同。

例如: 在糯米和糯玉米等植物中, 支链淀粉的比重为100%。但是, 支链淀粉比重达30%—40%的籼稻则显得比较干硬。与之相对的杂交水稻等籼米中的直链淀粉含量约为19%。支链淀粉的含量越多, 黏度就变得越高, 就越有嚼劲儿。也就是说, 食物口感的黏度和硬度的均衡度, 是由食物自身直链淀粉和支链淀粉两种淀粉的比重决

定的。

被称为"动物淀粉"的糖原具有与支链淀粉相同的结合模式，但是，其在结构上分支较多。糖原在人体内，经过糖酵解柠檬酸循环后，会代谢成为二氧化碳和水，并且参与到三磷酸腺苷（ATP）的生成过程中，可以说糖原是能量之源。

我们再看看植物淀粉。在谈论淀粉时，另一个不可回避的话题就是淀粉酶。除了唾液和胰液中的消化酶，在萝卜、麦芽汁和曲霉属真菌等中也含有淀粉酶。它可以将谷类的淀粉分解为糖，在日本清酒、啤酒、烧酒等酒类的生产中发挥重要的作用。此外，与生产酒类相同，将淀粉分解（液化和糖化）的过程与发酵相结合，可以应用于生物燃料以及可生物降解塑料（聚乳酸）的研发之中。碳水化合物真的不愧为能量之源。

图　**直链淀粉的结构式**

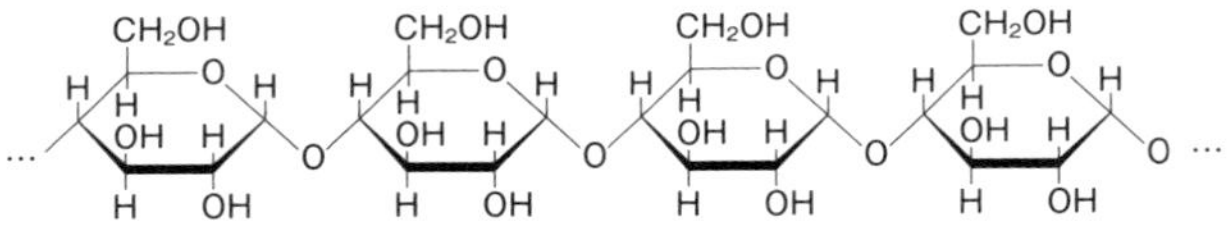

图　**支链淀粉的结构式**

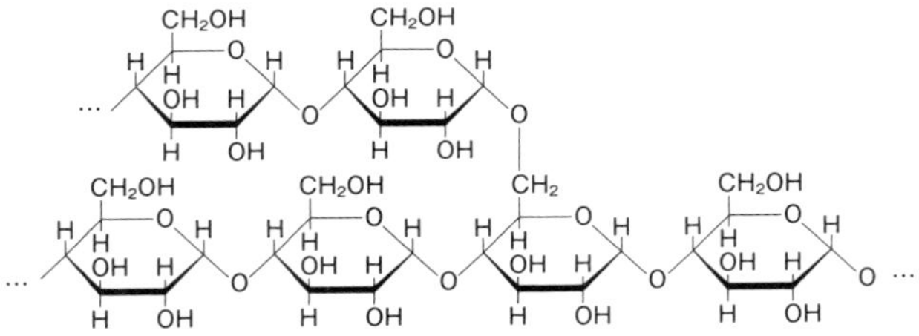

108

食物是怎么给我们提供营养的？

执笔：小川智久

我们吃进肚子里的肉和蔬菜后来变成了什么呢？答案是变成了我们生存所必需的能量源和人体的构成成分。各种各样的营养素在人体的消化系统中被分解吸收了。

● 吃什么就会变成什么？

那么，我们吃猪肉就会变成猪吗？

答案当然是不会了。猪肉中的蛋白质并不会被人直接以猪蛋白质的形式使用。人类通过胃和肠道中的消化酶，可以将食物中的蛋白质分解为氨基酸，并被回肠（小肠的一部分）吸收。之后，人体再以吸收的氨基酸和人体内合成的氨基酸为原料，生成新的蛋白质。在这种情况下，通过食物摄入的氨基酸中的50%～60%会被用于蛋白质的生物合成，从而成为人体的一部分[1]。

●必需氨基酸[1]与遗传信息

地球上的生物基本上共用20种标准氨基酸[2][*2]进行蛋白质的生物合成，因此，我们可以将其作为原料循环利用。此外，人们将体内不能合成或合成量不能满足需要的氨基酸称为"必需氨基酸"，需要我们从食物中获取。

氨基酸的合成需要多阶段的反应过程。此外，根据氨基酸的种类不同，其需要的原料也各不相同。高等动物就是通过从食物中高效摄取氨基酸实现进化的。我们可以将这个过程视为所谓的"物质转化"。

但是，即使是在使用标准氨基酸原料的情况下，生成的各种蛋白质也是不同的，如果是人类就会根据人类的遗传信息（DNA碱基序列）进行合成，就会变成人类的蛋白质。因此，人就算吃了猪肉，也不会变成猪。我们这里提到的"吃了猪肉不会变成猪吗？"这个问题，已经从"吃"这个通常的行为，延伸到古希腊哲学家赫拉克利特思考的哲学，或者大乘佛教的《般若心经》等值得认真思考的高深命题了。

*1 参考：Rudolf Schoenheimer. The Dynamic State of Body Constituents.Harv ard University Press.Cambridge, Massachusetts,1942
*2虽然在除了甘氨酸以外的α-氨基酸中，存在光学异构体（L型和D型），但是，所有构成生物蛋白质的氨基酸都属于L型。

---

① 必需氨基酸，是指人体必需，体内不能合成或合成量不能满足需要，需要从食物中获得的氨基酸。
② 20种标准氨基酸，是指甘氨酸、丙氨酸、缬氨酸、亮氨酸、异亮氨酸、苯丙氨酸、脯氨酸、色氨酸、丝氨酸、酪氨酸、半胱氨酸、蛋氨酸、天冬酰胺、谷氨酰胺、苏氨酸、天冬氨酸、谷氨酸、赖氨酸、精氨酸和组氨酸这20种组成人体蛋白质的氨基酸。

图　摄取蛋白质的示意图

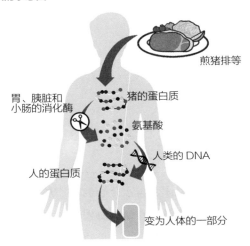

煎猪排等

胃、胰脏和
小肠的消化酶

猪的蛋白质

氨基酸

人类的 DNA

人的蛋白质

变为人体的一部分

保健品厂商不喜欢本节内容

执笔：泷泽 升

对我们而言，三大营养元素是指碳水化合物（含糖物质）、蛋白质和脂肪。蛋白质创造了人体，碳水化合物和脂肪则是人类生存所不可或缺的能量。此外，脂肪还具有保护脏器和为身体保暖的功能。营养素中的其他有机物被称为维生素，无机物（金属元素等）被称为矿物质。我们将这些营养素统称为五大营养素。其中，维生素主要包括A、B族、D、E、K，矿物质主要包括钠、镁、磷、钾、钙、铬、锰、铁、铜、锌、硒、碘等。那么，维生素和矿物质对我们而言都有哪些功能呢？

●连续的生物化学反应

在生物的身体中，会发生许多化学反应。由于是维持生命的化学反应，因此，被称为"生物化学反应"。生物化学反应总是一系列反应连续进行的。人们将这连续的反应称为"代谢"。例如：人在吃了米饭后，首先会在口腔和肠胃中分解为葡萄糖。之后，葡萄糖被肠道吸收，并随着血流运输至体内的细胞中。从血液进入细胞的葡萄糖经过20余种连续的生物化学反应后，会变成二氧化碳和水。在这一过程中，会产生能量，并被转化为各种物质。蛋白质也会被分解为氨基酸，并被吸收，然后转化为人体所需的各种蛋白质。

●酶与辅酶之间的关系是什么？

　　矿物质与控制这一生物化学反应的酶（蛋白质）相结合，在反应中发挥着核心作用，并具有调整蛋白质形态的功能。此外，还具有调整细胞中的离子浓度，确保生物化学反应顺利进行的功能。

　　另一方面，维生素会在细胞中发生少量转换，它们又被称为"辅酶"。正如名字的字面意思，辅酶对酶的工作具有辅助作用。至于哪种辅酶具体辅助哪种酶是确定的。

　　对于蛋白质而言，在生成能量或人体必需物质的过程中，维生素和矿物质是不可或缺的。因此，一旦缺少维生素或矿物质，人体就会出现问题，脚气等疾病也会找上门。

　　对人体而言，无论是维生素还是矿物质，所需的量都是极少的，平均每天的必要摄入量都可以用毫克或微克（千分之一毫克）作单位来衡量。因此，完全没有必要通过药物或保健品补充，只要每天注意均衡饮食，就可以满足身体的需求。

图　**生活中常见的五大营养素**

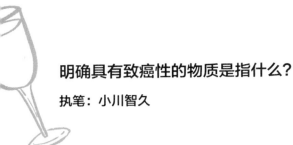

明确具有致癌性的物质是指什么？

执笔：小川智久

世界卫生组织（WHO）旗下的国际癌症研究机构（IARC），根据流行病学调查等获取的人类致癌物数据和动物实验的数据，对致癌物进行了综合评估，并形成了致癌物清单（2016年9月时，由116个专题构成的专业论文集[*1]）。在清单中，针对超过990种化学物质和环境进行了致癌物分类，将对人类明确有致癌性的物质列为"第一类"，将对人类可能有致癌性的物质列为"第二类"（2A和2B），将未知致癌性的物质列为"第三类"，将恐怕没有致癌性的物质列为"第四类"。

因此，如果您想问截至2016年9月"究竟有哪些明确具有致癌性的物质"的话，答案就是具有充分证据证明符合上述"第一类"的118种物质（针对部分物质，有人有不同看法）。本书中主要涉及上述物质中的黄曲霉素、砒霜、石棉、苯并芘、镉、六价铬、甲醛、射线（伽马射线和中子线等）、钚239、多氯联苯、放射性碘、三氯乙烯、酒精饮料、烟草、硫酸等。下文将对部分物质进行重点介绍。

●马兜铃酸

它是马兜铃属（Aristolochia）植物中含有的物质，在比利时曾经公开销售含有该类物质的减肥药，结果引发了消费者肾功能障碍和泌尿器官恶性肿瘤等疾病，导致了严重的社会问题。在日本国内，由于西药和中药名称的差异，可能会导致误服，读者们需要给予特别注意。

●火腿和红肠等红肉

2015年，国际癌症研究机构在相关统计的基础上将其列入了致癌物清单，此事被媒体广泛报道。由于国际癌症研究机构并未说明具体的致癌物质，日本民众对制作火腿和红肠的黏稠剂中的磷酸盐和防腐剂中的山梨酸等越发感到担忧，因此，日本国家癌症研究中心不得不对外发表声明，称："日本人的红肉和加工肉摄入量在世界范围内属于较低水平，只要是在平均摄入范围内，基本不会增加患大肠癌的风险"[2]。

●苯

苯因是汽油的重要组成成分而为人熟知。过去人们常用苯染发，其有害性非常明确，早已不在家庭用品中使用，在其他产品中的总体含量也呈逐渐下降的趋势。另一方面，2008年，日本政府从东京丰洲市场计划用地中发现了高浓度的苯，成了被高度关注的严重社会问题。在实施去除土壤污染处理后，2016年政府仍在持续对此事件展开调查。这可能是由于该用地曾经是使用煤的旧天然气工厂遗址，加上苯的挥发性又较高，因此，导致污染长期存在不易消除。

●肿瘤病毒、细菌等导致的传染病

人乳头状瘤病毒（HPV）可以诱发宫颈癌，这是由于来自病毒的蛋白质（E6、E7）导致抑癌基因（p53、pRB）停止工作的缘故。另一方面，根据近年来的研究成果，人们明确幽门螺杆菌的CagA蛋白质可以扰乱细胞极性和细胞增殖的信号，并导致胃癌。

*1 参考：AGENTS CLASSIFIED BY THE IRAC MONOGRAPHS,VOLUM ES 1-116
*2 引用：日本国家癌症研究中心《关于红肉和加工肉的致癌风险》

致癌性与致突变性

执笔：大庭义史

在化学物质对人类造成的影响中，是否具有"致癌性"是人们关心的焦点之一。在此，我们将围绕致癌性的意义和根据，再次展开分析思考。

人们将某些物质致使正常细胞转变为癌细胞的性质称为致癌性，当正常细胞的DNA受到损伤，导致基因发生异常后，就会产生癌细胞。导致基因异常的原因多种多样，其中，80%以上都是源自化学物质，因此，人们将诱发癌症的化学物质称为致癌性物质。

● 如何检测物质的致癌性？

检测某种化学物质是否具有致癌性，或者说是不是致癌物的方法，可以通过"致癌性试验"的方法。所谓致癌性试验是指对试验动物终身使用化学物质，在其死亡后，对所有组织进行解剖确认是否发现癌细胞的方法。但是，这种方法需要大量动物的生命、时间和经费，并且，在短时间内无法明确许多化学物质的致癌性。

● 在短时间内易于检测的艾姆斯氏试验

我们可以采取"致突变性试验"的方法在短时间内对多个化学物质进行致癌性预测，这主要是对导致与基因突变相关的DNA突变的"致突变性"进行检测。检测致突变性的代表性方法当属艾姆斯氏试验（Ames）。

　　实验的大致原理是针对在缺少一种氨基酸——组氨酸的条件下无法生存的特殊沙门菌，使用化学物质使之发生反应。如果我们能够观察到沙门菌增殖的现象，就可以认为在缺少组氨酸状态下无法生存的沙门菌发生了基因突变，那么，对其产生作用的化学物质自然就具有致突变性。

● 艾姆斯氏试验有局限性

　　艾姆斯氏试验是一种可以在短时间内发现具有致突变性的化学物质的有效方法，其性价比非常高。但是，在该试验条件下，呈现出阳性的化学物质并非都是具有致癌性的物质。此外，由于试验对象是与人类差别较大的物种，最终还需要使用哺乳动物等实施病原性试验，评估是否是致癌性物质。

图　**艾姆斯氏试验的基本理念**

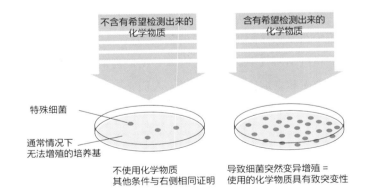

不含有希望检测出来的
化学物质

含有希望检测出来的
化学物质

特殊细菌

通常情况下
无法增殖的培养基

不使用化学物质
其他条件与右侧相同证明

导致细菌突然变异增殖 =
使用的化学物质具有致突变性

"焦煳物"中是否含有致癌物？

执笔：和田重雄

您大概听说过"吃焦煳物会致癌"的说法吧？那么，究竟焦煳物中的哪种物质会致癌呢？

我们在对食材进行加热时，食物本身会产生容易致癌的物质，其大体可以分为两类：焦得发黑的焦煳中产生的物质和加热普通饭菜时产生的物质。

●排放气体中含有的苯并芘

当烧到完全焦化时，产生的物质是苯并芘这一高致癌性物质。虽说如此，在焦煳物中，只含有少量的苯并芘。在动物实验中，连续数年以上给实验对象喂食超过其体重的焦煳物后，才发现该动物最终患癌。在香烟和汽车尾气中，同样含有苯并芘，但是，除非是喜欢大量食用焦煳物的人和老烟民，一般来说，人们完全可以不必在乎日常生活中苯并芘的致癌性。

●热菜过程中产生的致癌物

即使食物烧得不那么焦，只是进行加热处理，有时也会产生致癌性物质。其中一个是20世纪70年代从鱼的焦煳中发现的杂环胺。该致癌物是在150℃条件下煎炸含蛋白质较多的鱼类和肉类时，从氨基酸中生成的。但是，其在食物中的含量极少，即使一个人每天都吃焦煳的鱼，也不会发展到患癌症的程度。

　　另一个值得我们注意的物质是进入 21 世纪才被发现具有致癌性的丙烯酰胺。该物质是对含有天冬酰胺等氨基酸和糖类的食品进行加热时产生的。除了生食，这类食物经过加热处理都含有丙烯酰胺。其中，尤以炸薯片和炸薯条中的含量最多。但即使一个人每日三餐都吃炸薯条吃到饱，也不会达到致癌的摄入量，因此，我们不必刻意减少食用这类食物。

●防癌的物质有哪些？

　　我们每天或多或少都会吃含有各种致癌性物质的食品，但其实我们身边也存在许多预防癌症的物质，比如：维生素 C、黄酮类（儿茶酸）、番茄红素、叶黄素等，植物性食品中几乎都含有它们的身影。经过科学证据证明，这些预防癌症的物质都可以在致癌部位有效发挥作用。我们建议为了预防食物致癌，日常饮食中应尽量避免挑食和偏食，并且认真摄入植物性食品，这一点对我们的健康非常重要。

图　**植物性食品的实例**

青椒　　　　绿茶　　　　番茄　　　菠菜煎肉

让人又爱又恨的炸薯条

执笔：浅贺宏昭

瑞典政府2002年正式对外公布："炸薯条和炸薯片中含有一种叫作丙烯酰胺的物质。"结果一石激起千层浪，引发了很大的反响。这是因为丙烯酰胺不仅具有神经毒性和肝毒性，还可能具有致癌性，在日本被列为剧毒管制物质。

有一个现象大家可能印象比较深刻，那就是在烧制食物时，食物本身会出现变棕色的现象。我们将这种现象称为"美拉德反应（非酶棕色化反应）"，这是由于同时对糖类和氨基酸物质进行加热引起的。如果持续进行加热，大多数食品都会变成焦炭，但是，在食品制造和加工行业，却非常重视美拉德反应，因为它会给消费者带来更好的口感和味道。但物质在发生美拉德反应的同时，还会生成丙烯酰胺（参照上节）。

● 在工业和医疗领域也有应用

丙烯酰胺是纸张增强剂、合成树脂、合成纤维、下水道中的沉淀物凝结剂、土壤改良剂、黏合剂、涂料、土壤稳定剂等的原料，其粉末呈白色，水溶液无色透明，黏度较低，但是，经过聚合后会变为无色透明的凝胶状固体，是作为分析蛋白质和核酸时不可或缺的聚丙烯酰胺凝胶的原料。凝胶没有毒性，在通电后会收缩，也被用作人造肌肉的材料和研究使用。

●对人体的影响

当人体短时间暴露在丙烯酰胺中时，它会刺激眼睛、皮肤和呼吸道，也会对脑部和脊髓等中枢神经系统造成不良影响。在长时间暴露的情况下，会对人的末梢神经系统造成不良影响。关于致癌性，在国际癌症研究机构的评估中，将其列为2A级"可能对人体具有致癌性"的范围内，它与煎鱼时产生的焦煳和柴油发动机排放气体中含有的致癌物质属于同一等级。

联合国粮食与农业组织（FAO）和世界卫生组织（WHO）的食品添加剂联合专家委员会曾经对丙烯酰胺进行过评估。结果发现来自食品的平均摄入量并不会在人体内产生生殖毒性、发育毒性以及神经病学影响等。但是，我们也担心其可能具有遗传毒性和致癌性。

日本厚生劳动省和农林水产省在对加工食品中的丙烯酰胺进行调查后，公布了相关结果：建议消费者多吃蔬菜和水果，保持饮食平衡，同时，在炒菜和煎炸食物时尽量避免高温和长时间加热。此外，还介绍了用蒸煮代替炒菜的方法。今后还应继续推进流行病学的研究调查，以便更加正确地评估食品中的丙烯酰胺的风险。

图　含有丙烯酰胺的食品的实例

参考：农林水产省《食品中的丙烯酰胺相关信息》

新型的农作物培育方法令人担忧吗？

执笔：山本文彦

　　根据《食品卫生法》，在日本国内，原则上是禁止对食品进行放射线辐照的。但是，只有一种情况例外，那就是为了防止马铃薯发芽从而进行放射线辐照。在使用伽马射线辐照马铃薯时，可以有效杀伤相关细胞，防止其发芽。马铃薯一旦发芽，商品价值就会大幅下跌，通过一定手段防止其发芽可以长期保存马铃薯。这种辐照仅限在日本北海道士幌业协会进行，选择3～4月份出货的部分马铃薯作为辐照对象。在包装上会标注"伽马线辐照"的标识，以便与普通马铃薯进行区分。

● 其他国家也辐照食品对其进行杀菌和预防食物中毒

　　在其他国家，也有对小麦、香料和肉等进行放射线辐照的例子，主要是为了杀菌、杀虫和预防食物中毒。在日本国内，从2000年开始，不再批准对香料进行放射线杀菌的许可申请。这是因为消费者普遍会担心"难道食品不会粘上放射性物质？""难道被辐照的食品里就不具有致癌性的危险物质吗？"的缘故。

● 食用辐照食品会对身体造成伤害吗？

　　物质的放射性是指其自发的放出射线的能力。阿尔法射线、质子线和中子线等射线具有与原子撞击使物质附带放射性的能力。但是，

122

伽马射线并不具备这一能力。即使对食品辐照伽马射线，也不会导致食品附带放射性。那么，食品的成分会因为受到辐照而变质吗？由于难以确定放射线会导致哪种成分变成危险物质，因此，有必要通过动物实验等方法，通过喂食实验动物被辐照过的食品，研究这类食品是否会导致动物身体出现异常。针对这个问题，各国虽然已经进行了许多研究，但是，至今为止仍未发现辐照食品导致危害影响的证据。

● 辐照食品得到社会接受尚需时日

虽然没有证据证明辐照食品具有危害性，但是，这并不意味它就是安全的。食品的安全性标准是非常难制定的，凭什么判定某个食品是安全的？由谁来判定它是安全的？由谁来承担责任？这些问题我们都难以得到清晰的答案。而且，最终的判断权恐怕还是会转嫁到消费者头上，甚至连现在看来再正常不过的牛奶低温杀菌技术，也经历了数十年的逐渐被社会接受的过程。由此可见，要想让社会接受放射线辐照食品，需要确立供消费者判断选择的信息公开机制和流通体系。

图　**对马铃薯进行辐照的示意图**

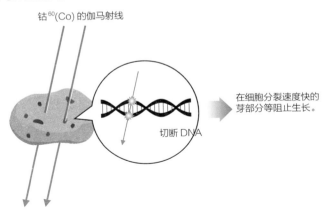

钴^{60}(Co) 的伽马射线

切断 DNA

在细胞分裂速度快的芽部分等阻止生长。

不发芽的马铃薯也有毒？！

执笔：保谷彰彦

　　马铃薯与番茄、辣椒同属茄科植物。除了在田地里栽培种植的马铃薯，自然界中还有许多野生的种类。据不完全统计，目前已知的马铃薯有150余种，其中绝大多数都是野生的。栽培的马铃薯有7种，我们身边所熟悉的马铃薯只是其中1种。

　　人们对这种马铃薯进行品种改良后，开始在世界范围内作为食物推广栽培，最终衍生出多种马铃薯。

　　野生的马铃薯大都产自南美。人们开始栽培马铃薯要追溯到公元前5000年左右。也就是说，人类对马铃薯的栽培已经有7000年以上的历史了。在这段时间内，经过了多次品种改良，逐渐形成了相对来说更适合人们食用的品种。

● 马铃薯导致的食物中毒

　　但是，马铃薯中也含有对人体有毒的成分，有时，会成为导致人食物中毒的原因。其中，主要的含毒物质是茄碱（龙葵碱）和卡茄碱，又被统称为"甾体类糖苷生物碱（SGA）"。

　　马铃薯的SGA多集中在芽及其周边和皮层等部位。大家可能都知道挖出来的马铃薯在接受日照后，表皮会变为绿色。实际上，在发生变色时，SGA的含量呈逐渐增加的趋势。此外，如果栽培条件不佳，马铃薯的个头就会变小。但是，相关报告显示，马铃薯越小其中含有的SGA浓度就越高。

　　如果误食了马铃薯中含有茄碱和卡茄碱的部位，人就会出现腹痛和痢疾等症状。有时还会出现中毒症状，严重时甚至会丧命。

　　我们在日常生活中应注意挑选个头大并且不显现绿色的马铃薯，如果马铃薯发芽了，应将发芽部位及其周边一同削除，并认真削皮，适量食用，这样应该就不会发生茄碱或卡茄碱中毒了。

　　针对挖出来的马铃薯，可以通过辐照钴^{60}（Co）的伽马射线来抑制其发芽（参照上节）。该方法要受到《食品卫生法》的管制，并且，在日本国内，仅允许对马铃薯实施。

● 马铃薯中含有多少有毒物质？

　　在马铃薯可食用的部分中，平均每100g大约含有7.5mg（0.0075g）的茄碱和卡茄碱。并且，其中的30%～80%位于表皮周边。据相关研究表明，在遇到光照后，马铃薯表皮变为绿色的部分中，平均每100g约含有100mg（0.1g）以上的茄碱和卡茄碱。此外，在马铃薯的芽和疤痕处，也含有大量的茄碱和卡茄碱。

　　按照体重50kg的人来计算，在摄入50mg（0.05g）茄碱和卡茄碱的情况下，就可能出现不良症状；在摄入150mg～300mg（0.15g～0.3g）的情况下，就可能会死亡。最近，学术界正在推进针对茄碱和卡茄碱等SGA生成机制的研究。可以说，人们对研究出可以安心、安全食用的不含SGA的马铃薯的期望越来越强烈。

酒精的功与过

执笔：泷泽 升

　　对于日本的成年人而言，在结束一天的工作后，最大的期待恐怕就是痛快地来上一杯泛着酒花儿的冰镇生啤，或者细细地品上一杯回味无穷的日本清酒。喝到微醺时，可以将奔波一天的疲惫一扫而尽。但是，正如大家所知道的那样，如果饮酒过量的话，我们很可能会出现视线模糊，不停在原地打转迈不动步，心脏剧烈跳动，感觉恶心想吐等极不舒服的症状。如果摔倒的话，还会被救护车送到医院抢救，最严重时，甚至会出现死亡事故。

　　在日本东京消防厅的管辖范围内，2014年就有1万4000余人因为急性酒精中毒被救护车送院急救，其中大约一半是20岁上下的年轻人。他们还不知道酒精的可怕，遇到一定的场合就控制不住自己开怀畅饮，很容易出事。那么，酒进入人体后，究竟会发生怎样的变化呢？

●喝下去的酒最后怎么样了？

　　喝酒之后，大约20%的酒精被胃吸收，80%的酒精被肠道吸收，并随着血液流向人体各个部位。酒精主要在肝脏中分解。首先，酒精会在乙醇脱氢酶的作用下变为乙醛，然后，在乙醛脱氢酶的作用下变为醋酸，最后，与葡萄糖的分解代谢路径相汇合，变为水和二氧化碳。

　　成人的酒精代谢速度并不快，大约为每小时1毫升，因此，酒精在分解之前，会在体内循环，麻痹大脑功能，导致人进入醉酒状态。当血液中的酒精浓度达到0.04%时，喝酒的人稍微振作点精神就能醒酒。但是，当酒精浓度达到0.4%时，大脑整体就会麻痹，呼吸中枢也会面临危险。血液中的酒精对大脑造成影响大约需要30分钟～60分钟时间来恢复，因此，当饮酒对大脑造成影响时，实际上血液中的酒精已经处于高浓度状态了，这时再想避免喝醉就为时已晚了。

即使喝得没到对大脑造成影响的程度，在肝脏内代谢酒精时，也会消耗大量的水分，从而导致脑脊液失水过多，出现低压状态，对大脑周围的神经造成刺激。同时，乙醛氧化时会摄入大量氧气，结果导致血管扩张，刺激血管。再加上由于代谢酒精会导致低血糖，加速肾上腺素释放，会刺激神经这些因素都会导致人头痛。

此外，由于乙醛的毒性较高，会氧化并破坏人体细胞和蛋白质等，阻滞人体内的化学反应，包括日本人在内的蒙古人种先天就少有或者没有乙醛脱氢酶，大约有半数日本人都符合这一特征，这就是日本人酒量不如欧美人的原因。希望大家都能明白一点，吃饭喝酒的时候绝对不要劝酒，因为对方很可能根本无法代谢酒精。

最后，美酒都是原料生产者和酿酒师耗费心血精心酿造的，希望饮酒之人都能怀着感恩之心细细品味美酒的甘醇，而不是胡吃海喝只为了炫耀自己的酒量。

图　乙醇（酒精）的结构式　　　　图　乙醛的结构式

常喝红酒和茶真的有利于健康吗？

执笔：浅贺宏昭

　　说起红酒，大家最先想到的往往是法国悖论①。这一悖论是指法国人平时有大量食用动物性脂肪的习惯，但是，因患心脏病死亡的人数却非常少。从科学角度来看，造成这一特殊现象的原因是他们有喝红酒的习惯。

　　红酒中含有来自葡萄果皮的多元酚类物质，其中，最为著名的就是白藜芦醇。它与其他多元酚类物质相同，具有抗氧化功能。通过在动物身上的试验，科学证明了其具有预防老年痴呆、控制血糖、抗癌以及延长寿命的效果。相关报告显示，在人体中，它也可能具有改善血流、预防动脉硬化、降低部分癌症风险以及预防老年痴呆的效果。

　　令人感兴趣的是，相关报告显示如果每天摄入150毫克白藜芦醇，会与人控制卡路里摄入时出现相同的身体变化，代谢率、血糖值、血压下降，以及肝脏脂肪量减少，这样的身体变化有助于人延长寿命。人们从其与长寿遗传基因——去乙酰化酶之间的关系，以及开发长寿药的角度出发，展开了多项研究。但是，关于长期摄取的效

---

① 法国悖论，指的是大家观察到法国的心血管疾病（Conoary heart disease）的患病率出奇的低，而法国人在饮食上脂肪的摄入量绝对比我们少不到哪里去。这个现象是一位爱尔兰生理学家在1819年首先注意到的。向公众解释这个悖论的人是法国波尔多大学的科学家。

果，仍需等待研究成果。只不过如果想要摄入 150mg 的白藜芦醇，需要喝上数十升的红酒，因此，想要通过药物补充摄取的人数呈现出不断增加的趋势。

●绿茶中含有儿茶酸

　　绿茶中含有的值得关注的有效成分是与多元酚同类的儿茶酸类物质。由于其味道很涩，因此，有些人会觉得难以下咽，但是，它却对人体具有各种有益功效。

　　例如：儿茶酸类物质可以在小肠内阻滞脂肪酶发挥作用，从而阻碍人体对脂肪成分的消化和吸收，并且还能降低胆固醇的吸收。此外，还具有抗菌作用，具有预防虫牙和预防传染病的效果。在肝脏等脏器中还可以诱导合成脂肪代谢酶。这些效果可以有效降低血清胆固醇值，并减少内脏脂肪，因此，市场上也在销售含有儿茶酸类物质的特定保健食品（医保药）。由于儿茶酸还具有抗氧化作用，据称可以有效预防癌症。相关报告显示，儿茶酸可以用来控制血压和血糖值，并且具有抗过敏作用等。

图　白藜芦醇的结构式　　图　儿茶酸（表儿茶酸）的结构式

●摄取的关键点

　　如上所述，红酒和绿茶都具有保健功能。虽然过量饮用红酒是绝对不允许的，但是，如果对红酒加热去除其中含有的多元酚，并将其用作烹饪，那么，效果会如何呢？在其他国家，发生过相关案例，当长时间通过补充手段平均每日摄入600mg儿茶酸类（10～20杯绿茶、相当于1瓶饮料）物质时，会导致人肝功能严重受损，因此，我们在使用补充物质时，需要特别注意。

红酒、绿茶还含有其他有效成分，因此，最好的处理方法，可能还是遵循适量摄入的原则。

酱油致死？

过去在日本还实行征兵制的年代，男性到了20岁，就必须接受以身体检查为主的征兵检查。根据检查结果，按照成绩优劣分为"甲级""第一乙级""第二乙级""丙级""丁级"等级别，其中，被评为"丁级"的人身体和精神状态都不适合服兵役。在征兵检查中，一旦被评定为"甲级"，就会被国家认定为"优秀的帝国臣民"（成年男子汉），在享受荣誉的同时，也意味着被征为现役兵的可能性极高。

因此，为了降低被征兵的可能性，有些人会在接受检查前，喝下大量的酱油。这样一来，人的脸色就会变青，心脏跳动就会剧烈，因此，会被诊断为心脏病，从而被列为"丙级"。

但是，有时过量摄入酱油，也会导致难以被简单治愈的疾病，甚至会直接致死。

那么，大量摄入酱油后的问题究竟出在哪里呢？我想应该是食盐，其主要成分是氯化钠。

普通酱油（浓稠性）的含盐度大约为16%。由于浓稠性酱油的密度为 $1.12g/cm^2$，这意味着每100ml酱油中大约含有112g"纯酱油"，其中的食盐含量为 $112 \times 0.16 = 18g$ 左右。

●大量饮用酱油导致的食盐中毒

食盐的急性中毒半数致死量（LD50）为3g/kg～3.5g/kg。根据文献不同，也有记载为0.75g/kg～5g/kg或0.5g/kg～5g/kg的情况。即使同样是口服摄入，大鼠和家鼠的LD50也是不同的。

假设LD50为3g/kg，那么，体重60kg的人在摄入180g食盐后，半数情况下会死亡。这相当于1升酱油的量。但是，LD50存在一定的变化范围，每个人的身体状况也各不相同。因此，即使摄入量低于这个标准，也会出现危险的个例。也有数据显示，酱油对人的预期致死量大约为2.8ml/kg～25ml/kg。

表　日常生活中使用的酱油及其含盐量

酱油		
	刺身酱油 金枪鱼刺身三片	多→酱油0.85g（含盐量0.12g） 少→酱油0.44g（含盐量0.06g） *使用芥末酱时，用量会进一步减少
佐料		
	蘸料（含50%的酱油） 1个饺子	多→佐料2.9g（含盐量0.23g） 少→佐料0.5g（含盐量0.04g）
高汤		
	蘸汤（含20%的酱油） 挂面220克	多→高汤90g（含盐量3.1g） 少→高汤62g（含盐量2.1g） *入口的高汤含盐量多时2.1g，少时0.8g

根据《关于烹饪的基本数据 第4版》（女子营养大学出版部）摘录、编辑。

在食盐中毒的情况下，用高浓度盐水清洗胃部时，由于要催吐，会让患者大量饮用生理盐水，这是医疗现场经常遇到的病例。各内脏器官会发生瘀血、蛛网膜下腔或脑内出血等症状。

在饮用大约600ml酱油进行自杀的案例中，患者的意识水平逐渐下降，面部和全身出现痉挛症状，之后，发生脑水肿引发的脑中心疝，最终导致脑死亡。之所以会发生脑中心疝，是因为紧急对患者输入5%的葡萄糖液，以降低渗透压导致的。由此可见，在治疗食盐中毒的过程中，应选择缓慢降低渗透压，或者实施腹膜透析的方法。

摄入食盐后"血压也不升高星人"

执笔：左卷健男

　　在超市的食品售卖区，放眼望去，到处都是少盐食品。例如：低盐酱油、低盐味噌汁等。

　　根据之前的调研结果，"食盐摄入量极少的因纽特人（爱斯基摩人）几乎没人患上高血压""与食盐摄入量较少的冲绳县人相比，食盐摄入量较多的秋田县人患高血压的数量更多"，因此，人们产生了一种先入为主的观念，认为食盐与高血压之间具有密切的联系。为了预防高血压病，日本厚生劳动省专门发布了指导意见，规定18岁以上男性每日的食盐摄入量应控制在8g以内，18岁以上女性每日的食盐摄入量应控制在7g以内。世界卫生组织（WHO）也将日食盐摄入量的标准值定为5g。这就是市场上少盐食品有那么多的原因。

　　但是，真正扭转食盐与高血压之间存在密切关系这一印象的是"国际盐与高血压研究"的调查结果。为了明确食盐与血压之间的关系，该研究机构于1987年和1988年在世界上32个国家的52个地区开展了正式的大规模流行病学调查。

　　在该研究中，摒弃了过去询问饮食习惯推测食盐摄入量的传统做法，改用采集各地居民尿液进行分析测算食盐摄入量的严谨方法。如果将几乎不摄入食盐的无高血压患者的4个原始民族纳入调查对象，就会发现食盐摄入量与高血压之间存在较弱的关联性。但是，如果去除生活环境具有极端性的4个原始民族的数据，就会发现一个令人惊讶的结果，那就是食盐摄入量与高血压之间并没有直接关系。

● 存在盐敏感性人群与非盐敏感性人群

　　在这一研究成果公之于世后，人们已经逐渐意识到个体之间存在盐敏感性和非盐敏感性的区别，明白了摄入食盐时的血压变动是因人而异的。

　　在高血压患者中，有些人摄入食盐后血压比较容易升高，并且，在减盐和服用利尿药后，血压很快就会下降。人们将这类高血压病称为"盐敏感性高血压"。

　　另一方面，也有些高血压患者在摄入食盐后，血压并不升高，并且，在减盐和服用利尿药后，血压也几乎没有变化。人们将这类高血压病称为"非盐敏感性高血压"。在所有的高血压患者中，盐敏感性高血压占了30%～50%左右，剩下的是非盐敏感性高血压患者。从整体来看，非盐敏感性高血压患者的数量更多。

　　除了先天盐敏感性较高的人，其他人群一般不必限制食盐摄入量。但是，现在人们仍无法清晰地界定究竟哪些人属于盐敏感性人群，因此，最稳妥的方法还是按照男性每日8g以下、女性每日7g以下的标准，来控制食盐的摄入量。

图　**盐敏感性较高的例子**

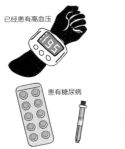

已经患有高血压

患有糖尿病

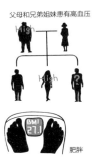

父母和兄弟姐妹患有高血压

肥胖

"取消胆固醇摄入限制"的谜团

执笔：和田重雄

2015 年 4 月，厚生劳动省对外发布了一则被高胆固醇血症患者视为福音的新闻，那就是取消了从食物中摄取胆固醇的目标量（上限值）。为什么厚生劳动省明明知道胆固醇对人的动脉硬化等生活方式病有影响，还要这么做呢？

●所谓胆固醇是指?

胆固醇是包括人类在内的所有动物生存不可或缺的营养素，它可以维持细胞膜的功能，也是生成类固醇类肾上腺皮质激素和性激素的原材料，并且，还是帮助消化和吸收脂肪的胆汁的主要成分。人们甚至在婴幼儿奶粉中特意添加胆固醇，用来补充人体生长发育所需。

但是，如果血液中的总胆固醇量过多，就会造成低密度脂蛋白胆固醇（LDL胆固醇，也就是坏胆固醇）和高密度脂蛋白胆固醇（HDL，也就是好胆固醇）丧失平衡，从而容易诱发动脉硬化等疾病。

●膳食胆固醇和血浆胆固醇

人体所需的胆固醇，主要通过体内合成和从食物吸收两个途径进行补充。在合成时，体重50kg的人每日大约会生成0.6g胆固醇。通过食物摄取的胆固醇（膳食胆固醇）占体内总胆固醇的1/3～1/7。此外，当膳食胆固醇量增加时，体内的胆固醇合成量就会减少；当膳食胆固醇量减少时，体内胆固醇的合成量就会增加。也就是说，胆固醇的摄入量并不会直接反映在血浆胆固醇的总量中。在对这一现象进行细致研究后，2015 年 2 月，美国农业部对外宣布，鉴于并未发现膳食胆固醇摄入量与血浆胆固醇之间存在明确的关联性，决定取消摄入量的限制。日本国内，也采用了同样的处置方式。

　　但是，人们不能就此掉以轻心。这些数据是针对健康人群的，并不一定适用于高胆固醇血症患者。

● 高胆固醇血症的倾向和应对措施

　　高胆固醇血症的诱因之一是体内的胆固醇合成量增加。在这种情况下，最重要的是抑制胆固醇的体内合成量。具体的应对措施与普通生活方式病相类似。也就是说，要在避免偏食的前提下，多摄入抑制胆固醇合成的食物（海藻类、蔬菜、大豆食品以及青鱼等）。戒烟、戒酒（减少饮酒量）和保持适量运动的效果也非常好。有时，医生也会开具胆固醇合成抑制剂等处方药物给有需要的患者。

　　虽说如此，仍有不少医生认为最好减少从食物中吸收的胆固醇量，并且，指导患者减少高胆固醇食品和饱和脂肪酸摄入量。高胆固醇食品中也包括高蛋白质食品，如果对老年人进行限制，可能会导致他们营养不足。

图　**降低胆固醇值的食品**

海藻类

大豆食品

青鱼

蔬菜和水果

乳酸是个"背锅侠"

执笔：小川智久

　　自从使用青蛙肌肉实施的著名的阿奇博尔德·维维安·希尔实验（1929年）之后，在数十年的时间内，人们都认为乳酸是导致人肌肉疲劳的物质。

　　这是因为人们认为，作为肌肉收缩时的能量源，糖原（糖）分解时产生的乳酸堆积起来，导致体内（血液）的酸碱平衡变为偏向酸性（酸中毒），从而阻碍了肌肉收缩的功能。

　　但是，2001年，尼尔森等的研究证明，导致肌肉疲劳的关键物质是细胞外累积的钾离子，并非乳酸。当肌肉收缩时，钾离子会从细胞内向细胞外移动，正是这种钾离子导致了肌肉收缩功能下降。之所以出现这种现象，是因为钾离子的移动阻碍了肌肉纤维中与增大动作电位相关的钠通道。在向由于钠离子作用导致变弱的肌肉中添加乳酸时，会出现与既有理论相悖的肌肉恢复现象[*1]。这样看来，乳酸反而具有防止肌肉疲劳的作用[*2]。

　　此外，作为导致人肌肉疲劳的物质，磷酸的累积也是重要的原因之一。磷酸是由能量储存物质三磷酸腺苷（ATP）和肌酸磷酸分解生成的。人在剧烈运动后，体内的磷酸会大量增加。磷酸的浓度增加后，会导致肌浆球蛋白分解三磷酸腺苷的活性、肌原纤维对钙的反应性以及肌质网的钙浓度调节功能下降，从而成为肌肉疲劳的诱因。

●人体在水分不足的时候也会导致肌肉疲劳

人在剧烈运动过程中大量出汗或者由于呕吐和痢疾导致脱水的情况下，会感到疲劳。这是由于血液中的水分不足，造成钾、钠、钙等矿物质失衡，导致肌肉无法正常收缩，从而引发肌肉紧张，容易陷入僵硬状态（腿肚抽筋）。由此可见，钾离子和磷酸（通过钙离子）是影响肌肉收缩，导致肌肉疲劳的物质。

此前，人们一直认为人在剧烈运动后，糖原分解会产生乳酸并大量堆积，成为导致肌肉疲劳的诱因（时至今日，仍有人误认为乳酸不仅会导致肌肉疲劳，还会造成肌肉酸痛）。但实际上，乳酸不仅是剧烈运动之后有助于消除疲劳的防御物质，还是促进和保护肌肉收缩的营养物质。

*1:Thomas H.Pedersen,ole B.Graham D.Lamb2,D.George Stephensen "Intracellular Acidosis Enhances the Excitability of Working Muscle Science" Vol.305,issue 5687,pp.1144-1147,2004
*2:由于乳酸作用，会降低pH值，导致氯化物离子的细胞渗透性下降，从而减少产生动作电位所需的钠离子流入量。这样一来可以更好地支持肌肉纤维的收缩性，有效抑制疲劳。

图　**矿物质的平衡是关键**

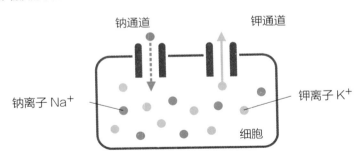

痛风患者请注意！

执笔：浅贺宏昭

所谓嘌呤是指具有被称为"嘌呤环"的化学结构的物质。作为基因主体以及构成帮助DNA运转的RNA的碱基腺嘌呤和鸟嘌呤也具有这种结构。此外，上述物质的代谢物和咖啡因也具有嘌呤环的结构。

睾丸（鱼白）、卵巢、肝脏、鱼干和干制鲣鱼等，其嘌呤含量非常惊人。这些食品中，含有许多腺嘌呤、鸟嘌呤以及腺嘌呤的代谢物次黄嘌呤。

●嘌呤与代谢

人体不需要的嘌呤主要在肝脏中被转化为尿酸，并经过肾脏，以尿液的形式排出体外。但是，如果尿酸无法充分溶解在血液中，就会产生结晶。这样一来，结晶周围的感觉神经就会感到疼痛，这就是所谓的痛风。

就算不通过食物摄入，人体内也必然会生成嘌呤。由于人体内的细胞会逐渐凋亡，因此，需要代谢这些细胞中的嘌呤，并排出体外。保持适量的运动是维持身体健康的重要方式，这是一个常识。但是，运动需要驱动身体，这样一来就会损伤细胞，从而增加嘌呤的代谢量。

在不喝水的条件下进行运动时，会导致尿酸浓度急剧升高。压力也会导致尿酸浓度升高。此外，尿酸浓度还与体质密切相关。女性分泌较多的雌激素会降低人体内的尿酸浓度，因此，痛风患者中男性居多，因其体内雌激素较少。

● 与痛风相关的传言

关于预防痛风的食物，有许多不同的说法，信息复杂交错。过去，医生们曾经建议患者尽量避免喝咖啡，因为咖啡中含有属于嘌呤碱基的咖啡因。但是，咖啡因具有利尿作用，会增加尿量，可以更好地排泄尿酸，因此，最近医生们也开始推荐痛风患者喝咖啡了。

另一个我们关注的焦点是酒。众所周知，痛风患者是不宜饮用嘌呤含量较高的啤酒的，但是，完全不含嘌呤的威士忌和烧酒等蒸馏酒又怎样呢？乙醇也具有利尿作用。但是，在代谢乙醇时，肝脏要发挥作用，这就会导致部分肝细胞凋亡，因此，需要代谢嘌呤时肝脏的压力会比较大。并且，在乙醇的利尿功能作用下，人体内的水分会减少。由此可见，痛风患者不仅不适合饮用啤酒，同样应该尽量戒除各种酒类。

即使不食用含嘌呤的食物，人们也无法完全避免生成导致痛风的尿酸。本来人体内就含有嘌呤，只要进行代谢，就一定会产生尿酸。为了避免痛风，应注意每日认真喝水，尽量通过排尿将尿酸排出体外，这一点非常重要。

图　**嘌呤的实例**

腺嘌呤　　鸟嘌呤　　次黄嘌呤（腺嘌呤的代谢物）　　咖啡因　　尿酸

"万艾可"是怎么发挥作用的？

执笔：浅贺宏昭

　　作为治疗勃起功能障碍（ED）的特效药，万艾可（又名伟哥、威而刚，商品名：西地那非）广为人知。就像大家所了解的故事原型那样，万艾可本来是作为治疗心绞痛的候选药物进行临床试验（疗效验证）的，结果在偶然间被发现其具有治疗ED的效果，然后开始量化生产销售。

　　为了理解该药物的作用，我们需要先了解勃起现象。我们想象一下通过视觉受到性刺激时的情形。这个刺激就变成了诱因，会导致大脑产生性兴奋。于是，副交感神经的活动频率就会增加，接着被称为第三自律神经的NANC神经的活动频率也会随着增加。结果，在NANC神经中，就会释放出少量以精氨酸为原料合成的一氧化氮（NO），这些一氧化氮会进入阴茎内的海绵体平滑肌。在平滑肌细胞内，一氧化氮会激活鸟苷酸环化酶。

　　鸟苷酸环化酶会产生在细胞内传递信息的环磷酸鸟苷（cGMP），该物质可以放松海绵体平滑肌，并舒张动脉。结果会将血液聚集在阴茎内的动脉中，刺激阴茎膨胀。在这种状态下，会压迫从阴茎流出血液的静脉，并保持一段时间。环磷酸鸟苷会在位于平滑肌内的5型磷酸二酯酶（PDE5）作用下，缓慢分解，并逐渐恢复原状。

●不减少环磷酸鸟苷的药物

　　在勃起功能障碍患者中，上述流程中的某个环节会出现问题。

因此，一氧化氮的排出量和环磷酸鸟苷会变少，在这种情况下，增加一氧化氮或环磷酸鸟苷的量会明显改善状况。万艾可对分解环磷酸鸟苷的 5 型磷酸二酯酶具有阻滞作用，因此，可以增加环磷酸鸟苷，促进海绵体平滑肌的放松和动脉的舒张，作为勃起功能障碍的治疗药物发挥作用。

如上所述，万艾可并不是通过刺激性欲发挥作用的，因此，它与所谓的春药是不同的。

在现实生活中，也出现过因为使用万艾可致死的情况，多是同时服用治疗心绞痛的药物或降压药导致的。作为治疗心绞痛的特效药而广为人知的硝酸甘油，在分子结构内具有与一氧化碳相类似的结构，并且发挥着与一氧化碳相同的作用。降压药会阻滞位于全身的平滑肌的环磷酸鸟苷分解酶（PDE1～PDE6等6种）发挥作用。也就是说，两种药物都会导致血管舒张。万艾可只针对阴茎内含量特别多的 5 型磷酸二酯酶发挥作用，属于局部血管舒张药物。人在服用后，血压会下降。因此，人如果同时服用上述药物，会造成血压过低，导致危险不断增加，这一点需要我们特别注意。

图　**环磷酸鸟苷与万艾可的作用机制**

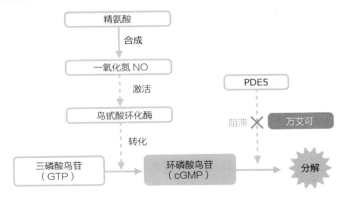

脑内存在兴奋剂！

执笔：和田重雄

日本有句俗语叫作"遇到火灾有力气"，这相当于汉语中的"狗急跳墙"。就是说，人们有时会发挥出超乎平常实力的能量。在跑步时，您是不是有一种很奇特的感觉，非但不会感到痛苦和疲惫，反而会感到心情舒畅，并且跑的距离比自己想象的要远得多。这种现象被称为"Running High（跑步的愉悦感）"或者"Runner's High（跑步者的愉悦感）"。当出现这种现象时，就是大脑中发生了某种变化。

● 为什么跑步让人快乐？

人们开始了解这一机制，是在发现了吗啡受体之后。

药物等物质与细胞表面的受体相结合，会对人体产生各种各样的作用。1973 年，人们在大脑中发现了与代表性毒品吗啡相结合的受体，人体内本来并不存在吗啡。于是人们开始探索研究在大脑中是否存在与吗啡相类似的物质。

经过长时间的研究，人们发现了一种叫作内啡肽的物质。内啡肽与能够带来镇痛效果、陶醉感和幸福感（快感）的毒品具有相同的效果，因此，它被称为内啡肽或脑内兴奋剂。随着研究的深入，人们又发现了大约 20 种具有同等作用的脑内兴奋剂。

其中，β - 内啡肽产生的作用最大，其镇痛效果是吗啡的 5 倍以上。经过研究，人们发现在享受美味佳肴或者发生性行为等人类本能得到满足的情况下，体内往往会分泌出这种物质。

●内啡肽与工作和生活

由于被称为"大脑中的兴奋剂或毒品"，内啡肽往往给人一种负面印象。但是，恰恰是因为有这些脑内兴奋剂的存在，我们才能克服各种各样的困难，不断取得突破和进步。

比如说内啡肽具有的强力镇痛效果。举个极端一点儿的例子，在足球比赛过程中，有些球员在骨折的状态下，完全感觉不到疼痛，坚持带伤继续比赛，直到比赛结束后才感觉到剧烈的疼痛。这与"跑步者的愉悦感"是非常相似的。一旦遇到现在必须坚持做的或者想要做的事情，人们的注意力就会高度集中，大脑内就会分泌出β-内啡肽等脑内兴奋剂，从而不易感觉到疼痛。

●做喜欢的事可以保护自己？

在做自己喜欢的事情时，大脑内也会不断分泌脑内兴奋剂。在这种情况下，人的心情会变好，会感到快乐和幸福，并且可以强化免疫力，提升自然恢复能力。

在社会中生活的人类，本来就具备自我保护能力，可以避免产生各种压力（精神痛苦）和伤病等肉体痛苦，同时，还可以培育坚持生存下去的意志和精神动力。

可以说，真正支撑这一能力的物质，就是人类大脑中本来就存在的兴奋剂。

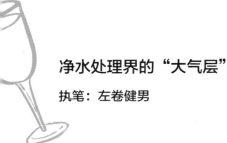

净水处理界的"大气层"

执笔：左卷健男

自来水的原水取自河流、堤坝、湖水、底流水、井水等。在到达用户家庭之前，这些水必须被送往净水厂实施净化和杀菌处理。在净水厂进行的处理，是按照沉淀、过滤和杀菌的顺序实施的。

大多数的净水厂一般都采取两种方法净化原水，分别是"急速过滤法"和"深度处理法"。急速过滤法使用氯分解和去除沉淀处理中无法过滤的污泥。与之相对，深度处理法是一种更为高级的处理方法，多使用臭氧和活性炭进行分解去污处理。在深度处理的情况下，比较容易分解原水的霉臭，此外，不易产生氯臭（也就是所谓的漂白粉味），因此，这种方法具有相当强的除臭效果。

过去曾经有段时间人们普遍诟病"自来水难喝"。人们使用深度处理法代替急速过滤法就是从那个时代开始的。特别是，由于作为原水的河流不断遭到污染，净水厂使用急速过滤法实施净水处理时，接到了大量投诉，声称水中有刺激性的氯臭味和霉臭味，因此，业界开始转用深度处理法。在转用深度处理法之后，东京和大阪的地下水的口感得到了迅速的改善。

●深度处理法的优点

深度处理法的优点不仅仅是水的味道得到改善。相关报告显示，在使用既有的净水方法时，有时会从下水道中检测出致癌物——三卤甲烷。但是，原水中并不含有三卤甲烷，由此可见，该致癌物是在实施氯处理的急速过滤过程中，部分污物与氯元素发生反应生成的。在不使用氯进行污物分解的深度处理法中，不会生成三卤甲烷。

● 水质、口感和性价比

为了谨慎起见，还有一点必须明确，那就是在深度处理法中，最后的杀菌环节也要使用氯。这是因为按照《日本自来水法》的规定，自来水中必须要保有氯残留。

虽然同样都是自来水，但是，由于原水的水质和之后的处理方法不尽相同，导致水的口感也各不相同。一般来说，脏的原水使用急速过滤法处理后口感相对较差，同样是脏的原水，如果使用深度处理法，口感就会比较好。此外，如果原水的水质较好，那么即使使用急速过滤法也不会出现任何问题。深度处理法的成本相对较高，绝大多数情况下，都用来对水质较差的原水实施处理。

图　**深度处理法的运行机制**

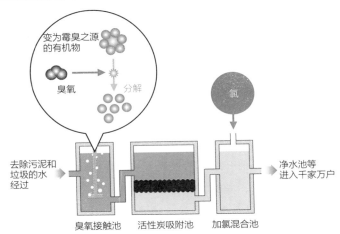

变为霉臭之源的有机物

臭氧

分解

氯

去除污泥和垃圾的水经过

净水池等进入千家万户

臭氧接触池　　活性炭吸附池　　加氯混合池

净水器值不值得买？

执笔：左卷健男

各家厂商生产的家用净水器的基本结构大致相同，主流配置是活性炭和中空纤维膜过滤器的组合。

通过净水器内的活性炭和中空纤维膜过滤器，对自来水进行过滤和吸附处理，去除氯残留、红锈以及异味物质等。具体来说，净水器一般分为两种类型：一种是安装在自来水的水龙头上的移动型净水器；另一种是将水汲入附带过滤器的水箱的固定型净水器。

●净水器的主角是活性炭

无论哪种净水器，在净水过程中发挥主要作用的都是活性炭。本来单位面积的碳的表面积就非常大，因此，碳具备了吸附各种物质的特性。特别是在制碳的过程中，可以实施特殊处理（活性化），强化其吸附特性，我们将这种碳称为活性炭。活性炭主要选用木炭和椰壳等作为原料。

活性炭中含有许多小空洞，因此，平均每克大概有$800m^2 \sim 1200m^2$的表面积，这是非常惊人的数字，活性炭因此具有极强的吸附性。从很久以前开始，活性炭就被用作脱色剂和除臭剂。在实施净水时，色素分子、异味物质分子以及毒害物质分子会被吸入活性炭中的大量中空小洞内，并最终被去除。

●使用中空纤维膜实施进一步分离

中空纤维膜过滤器中的中空纤维是指聚砜等耐热性和耐久性极强的合成聚合物生成的管状纤维，纤维的中心是空心的。此外，中空纤维的外壁上还有无数个细微的中空小洞。数千根这样的中空纤维聚合在一起，被用在净水器中，水可以轻松地穿过中空纤维的中空小洞，从而精确地分离出细菌和杂物。

●使用过程中滤芯的功能会逐渐弱化

净水器中的水基本是用来作为饮用水和泡茶水使用的。但是，不能因为是通过净水器过滤的水，就觉得绝对是安全的。在使用过程中，活性炭吸附物质的能力会逐渐变弱，最终将完全丧失吸附能力。最差的情况下，过滤后的水甚至要比自来水还脏。因此，需要定期更换活性炭滤芯。

●长期不用时需要特别注意

有时，细菌可以从中空纤维膜中挤过去，在流水口附近聚积。在一段时间不使用净水器后，细菌会逐渐增加。特别是夏季，要格外注意。在这种情况下，应先让净水器空流1分钟～2分钟，然后再使用。

其中，有些净水器主打增加碱离子和矿物质功能或制造π水的噱头。我们认为这不过是在"活性炭+中空纤维膜过滤器"的基本组合之上，加装其他装置，提高售价的手段而已。自来水通过净水器后，其矿物质的含量基本不会发生变化，因此，大家最好还是不要购买类似上述宣传噱头商家的产品。

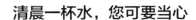

清晨一杯水，您可要当心

执笔：左卷健男

　　住在公寓也就是生活小区的人们，会时不时遇到自来水中有铁锈味的烦恼。这是由于公寓中的贮水槽和贮水槽与各家水龙头之间的连接管道出现问题了。

　　此外，如果我们外出旅行长时间不在家，回到家后打开水龙头时，会发现里面流出的是红色的锈水，不知道大家是否都有类似的经历？

　　这种红色的锈水在水处理业界被称为"红水"。之所以会出现红水，是因为自来水管内部生锈了。

　　进水管、水管连接部以及热水器中使用的钢制材料在水中逐渐生锈，锈渍会慢慢脱落进入水中，导致水附带颜色。

　　在水持续流一段时间后，大多数情况下问题都会得到解决，水又变成了无色透明状态，这时候我们就可以放心使用了。

●旧自来水管道可能使用铅

　　铁生锈后产生的红水，并不会对健康造成危害。但是，由于味道非常难闻，令人感到不适，会导致我们心情不佳。

　　与之相比，铅进入水中会对人体造成危害。即使只是微量的铅，在长期持续摄入的情况下，仍然可能诱发人体铅中毒。过去人们曾经一度使用铅作为自来水管的原材料。但是，在发现铅可能进入自来水后，就不再使用铅来制造自来水管了。但有一点需要注意，在日本，有些1950年以前建成的独户住宅还在使用铅水管。

●尽量避免使用早晨第一波自来水

早晨第一波自来水是夜间积留在自来水管中的。因此，虽然量不大，但还是有一定的自来水管材料会混入其中。

有鉴于此，我们推荐早晨先将自来水龙头开到最大，让水流上1分钟左右（一般塑料桶的容量是8L），之后，再接水饮用或做饭。特别是，由于旅行等长期外出回家后，最好能再稍微多流一会儿水，大约流2分钟。通过这种方法，可以将夜间积留在自来水道中的水放掉，确保我们的用水安全。

当然，我们可以将最开始流出的水接到水桶中，用来涮洗抹布或洗衣服。

此外，还有一种去除氯臭的方法，就是用盆或桶装满水放一夜。人们将这种方法称为"汲水静止法"。但是，该方法存在一定的问题，就是容易导致水中的细菌（虽然无害）增加。

图　**将自来水管中积留的水放到水桶中**

目标是8L

"富氢水"是什么?

执笔：左卷健男

　　现在兴起的"富氢水"热潮，源于2007年日本医科大学太田成男教授（细胞生物学）研究团队在《自然医学》杂志（电子版）上发表的题为《氢气可以高效去除有害活性氧》的论文。

　　虽说这个实验只是针对动物进行的研究，但是，氢气的效能还是得到了广泛的关注。太田教授认为氢气的功能是可以有选择性地仅去除活性氧中氧化能力最强的有害羟基。

　　相关研究认为富氢水对多个领域的疾病都有较好的治疗效果，比如：缺血再灌注、神经病变、能量代谢以及代谢综合征、炎症、角膜损伤、牙周病、非酒精性脂肪性肝炎、高血压、骨质疏松等。

● "富氢水"是如何扩大影响的?

　　经过老百姓的口口相传，富氢水成了"有利于代谢""能有效祛除老年斑和皱纹""喝酒前服用可以避免宿醉"的"神药"。这些都只停留在缺少证据的经验之谈层面。因此，到目前为止，富氢水还只是以消暑饮料的形式进行销售（并未按照特定保健食品或功能性食品销售）。

　　2016年6月10日，日本国家健康和营养研究所正式将富氢水列入数据库。其概要被认为是现阶段对富氢水与健康之间关系最为确切的评估。具体内容如下：

"通常而言，富氢水具有'去除活性氧''预防癌症''减肥'的效果。但是，尚未发现值得信任的充分数据证明其对人体有效。目前，富氢水对人体的有效性和安全性研究，多是以病人为对象实施的准备性研究，这些研究结果无法成为证明摄入市场上销售的各种富氢水产品时具有有效性的依据。"

●人体大肠内产生的氢

氢气不易溶于水，在1个标准大气压下，温度保持20℃时，溶于每千克（每升）水中的最大氢量为0.0016g（1.6 mg），换算成浓度就是1.6ppm（0.00016%），可以说含量极低。并且，一旦解除封闭状态，这些氢气还容易跑掉，浓度会变得更小。

实际上，大肠内存在一种制氢菌，可以产生大量的氢元素。人放的屁中有10%～20%是氢气。大肠内的肠内细菌每日生成的气体有7L～10L。其成分中含量最多的就要数氢气了。其中，只有一小部分以屁的形式排出我们体外，绝大部分会被人体吸收，进入血液循环。与从富氢水中摄入的氢气量相比，肠内细菌所生成的氢气量要多得多。

在上述日本国家健康和营养研究所的数据库中，还记载了下述内容："相关报告显示，肠内细菌在人体内也可以生成氢分子（氢气），人类通过摄入膳食纤维可以增加其生成量。因此，也有一些人认为，要研究人体摄入市场上销售的富氢水产品时的氢分子效果，还应考虑氢分子在体内的生成量。"

即使以后出现了认定氢气具有效果的研究结果，我们也不必依靠从富氢水中摄入微量氢元素，食用能够大量生成氢元素的食物更好。

空气净化器该怎么选择?

执笔：中山荣子

在中学的物理课上，我们会学到"从外界获得多余的电子，或者向其他原子转移电子，产生具有电性质的原子就是离子"。阳离子（+）是指原子失去电子而带正电性质的离子，阴离子（-）是指原子得到电子而带负电性质的离子。阳离子又被称为"正离子（Cation）"，阴离子又被称为"负离子（Anion）"。

但是，在社会上，到处都充斥着学校中并没有学过的"××离子"这个词。这并非学术用语，而是企业和行业为之命名的产物。乍一听这个名字像是有科学依据的一样，消费者们的反响也非常好。

例如："负离子（negative-ion）"就是化学中并未定义的商业用语。这个词在日本兴起于2002年前后，可谓是空气净化器等为首的各种家电的广告流行语，给人留下深刻印象。实际上，这个"负离子"并不是我们化学术语中的阴离子，在当时，就有许多消费者致电国民生活服务中心进行咨询。2003年时，日本修订了《不当赠品及不当标识防止法》（简称为《赠品标识法》），自此之后，在家电的外包装和宣传册中，负离子的字样骤然减少。

无论如何，我们在购买空气净化器时，不应过度关注这些宣传词，而应将焦点聚集在过滤器的物理性能上，在仔细查询后，慎重选择产品。

第4章

我们 身边 的其他化学物质

"铁"是再循环利用的优等生

执笔：池田圭一

　　自动售货机中销售的冰镇饮料，所用的易拉罐一般都是用铁或铝制成的。如果对比再循环利用率，就会发现铁（不锈钢）罐的利用率是最高的，达到了约92%，这是铁的一个重要特征。在其他罐体的再循环利用率方面，聚酯瓶约为86%，铝罐约为87%，玻璃瓶约为67%，因此，可以说不锈钢罐是再循环利用的"优等生"。在日本国内，每年再循环利用的不锈钢罐大约有60万吨。那么，如果将其他的铁制品计算在内，结果会变成什么样呢？

● **除了罐体以外的再循环利用情况如何？**

　　在日本国内生产和生活的各个领域中，都需要使用铁，比如：建筑物中使用的钢铁架构和钢筋、桥墩等钢铁建筑物以及汽车、火车、家具和电器产品等。日本的钢铁储备总量大约为13亿吨。其中，部分钢铁会随着时间的变化被拆解和报废，变成废铁。据统计，日本每年都要回收3000万吨～4000万吨废铁。

表　**按照材质分类的再循环利用率**

材质	指标和再循环率
不锈钢罐	[再循环率]92.0%　2014年度
铝罐	[再循环率]87.4%　2014年度

玻璃瓶	[再循环率]67.3%　2013年度
聚酯瓶	[再循环率]85.8%　2013年度
塑料容器包装	[资源再利用率]44.4%　2014年度
纸质容器包装	[回收率]23.5%　2013年度
纸袋	[回收率]44.6%　2013年度
瓦楞纸板	[回收率]99.4%　2013年度

参考：根据不锈钢罐再循环利用协会的《按照品类分类的再循环率、回收率和采集率》制表。

图　废铁再循环利用的路径

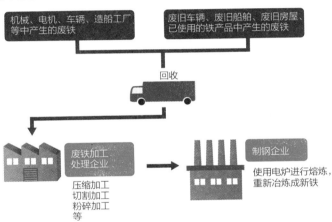

　　由于铁会对磁力产生反应，如果使用强力的电磁体，可以从其他的报废材料中区分并抽取废铁，然后，在电炉中熔化后，又可以再次还原为之前的铁（主要是建筑材料的钢铁结构等），具有适合再循环利用的特性。因此，可以毫不夸张地说，回收的铁几乎全部都可以再循环利用。现在，包括从铁矿石中新炼的铁在内，有一半左右的粗钢生产都是再循环利用的铁。但是，最近出现了一种倾向，那就是以废铁的状态向日本国外（主要是亚洲范围内）出口，经过冶炼后再以铁产品的形式进口。这种方式比在日本国内进行再处理要经济实惠。但是，会受到日本国外钢铁需求变动的制约，称不上一种好方法。

在铁的再循环利用方面，需要注意的是避免混入放射性物质。在日本国外，曾经发生过严重的事故。外国发生过将医疗用放射性物质和核电站的报废器材混入废铁中熔化并冶炼成钢材，之后，又将这些钢材用作公寓钢铁结构中使用的钢材，结果导致公寓中的住户遭到辐射。

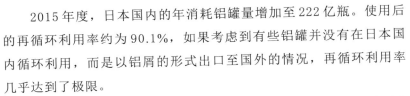

铝罐再循环利用的现状

执笔：嘉村 均

　　2015 年度，日本国内的年消耗铝罐量增加至 222 亿瓶。使用后的再循环利用率约为 90.1%，如果考虑到有些铝罐并没有在日本国内循环利用，而是以铝屑的形式出口至国外的情况，再循环利用率几乎达到了极限。

　　与铁和铜等元素不同，在从矿石中冶炼铝金属的过程中，需要实施电解处理。这样会消耗大量的电量，如果使用再循环处理的废料来生产原料，就可以节省下用于电解的电量。

　　一般来说，再循环利用铝时需要的能量，大约是通过矾土原料提炼铝时的 3%，其节能效果非常明显。2015 年，日本国内将大约 26 万吨的铝罐制成了再生原料，如果将节约下来的能量换算为电量，可以折合约 76 亿千瓦电，相当于日本全国普通家庭 15 日使用的电量。

●由多种物质合成的铝罐

　　虽然生活中我们都将它们统称为铝罐，但实际上这些"铝罐"是由以铝元素为主的合金构成的，其罐体和瓶盖的结构是不同的。瓶盖部分中镁的比例约占 3.8%，比罐体部分多。这种组合形成的合金容易被切断，因此，可以加工成拉起拉环和饮用口的结构。

　　罐体是由锰含量比瓶盖高的合金制成的，事先将其切薄，使它无论碰到什么，都不易破损。

在再循环利用时，将这些铝罐熔化之后，镁元素会被氧化去除，而锰元素则不会被去除，这样一来，重新生成的金属原料中锰的含量就与罐体相同。由于瓶盖需要用新的金属原料制成，因此，根本不会出现用100%再循环利用材料制成的铝制饮料易拉罐。根据统计，铝罐每年的可再循环率为62%～75%。

● 各国的铝罐再循环利用情况

铝的质量小，再循环利用时的材料价值高，因此，非常适合作为一次性容器。在北美各国按照用途分类的用铝比例中，面向包装容器的需求超过了20%，这是由于饮料用易拉罐几乎都是铝制产品。

与之相对，日本也在一定范围内使用不锈钢罐来盛装饮料。此外，在被公认为环保意识强的北欧各国中，仍然主要使用可回收的玻璃瓶盛装饮料。由此可见，各国的节能措施与国情紧密相连，呈现出各自的特色。

照片　**回收的铝罐被压缩后的状态**

银器的处理妙招

执笔：池田圭一

　　我们在戴着银戒指泡温泉，或者想使用长时间放在抽屉里的银餐具时，经常会发现它们身上有黑色的污垢。如果这时用漂白剂去污，反而会将银器变得更黑，想必许多人都有类似的经历。

　　银之所以产生黑色污垢，是与温泉水、皮脂污垢和空气中存在的硫黄成分发生反应的结果。在金属中，银会发生变化，变得比氧更容易与硫黄发生反应，这是银的特性。如果是普通的金属，往往会生锈（氧化），但是，银会与硫黄发生反应，生成硫化银。硫化银一般呈现出黄色或茶色的颜色，随着生成的硫化银逐渐增加，银器会逐渐变成深黑色。

表　银的硫化反应

● $2Ag+S \rightarrow Ag_2S$	*银与温泉等中的硫黄发生反应
● $H_2S+Ag \rightarrow Ag_2S+H_2$	*空气中的硫化氢与银发生反应

表　银的氯化反应

● $2Ag+Cl_2 \rightarrow 2AgCl$	*银与空气中的氯气发生反应
● $Ag^+（aq）+Cl^-（aq）\rightarrow AgCl$	*银离子与氯化物离子发生反应

　　此外，银还会与氯发生反应，生成氯化银。当氯化银遇光后，会变成黑色。随着数码相机的兴起，最近变得不常见的胶卷（使用氯化

银）就是利用了这一特性。为了保持银的亮度和纯度，我们不能对银使用含氯漂白剂。

●恢复银制品光泽的还原反应

那么，如何才能去除银的污垢，恢复其光泽呢？简单的方法就是使用铝箔。将银和铝置于容易通电的水溶液中，它就会变为"电池"，从而流出电流。具体的操作过程是将铝箔和银制品放入玻璃瓶或陶瓷瓶等非金属容器中，然后，向其倒入开水浸泡。为了确保电流容易通过，放入1～2匙的碳酸氢钠（俗称小苏打），并轻轻搅拌。只要这么做之后，就会发现硫黄和氯元素出现在银的表面，硫化银和氯化银重新变成了银。用筷子将银制品夹起后，用水清洗干净并晾干，再用布擦拭打磨，就会恢复其闪闪发光的银色。

银色虽然非常闪亮，但是，人们有时想对银饰品中进行做旧处理，故意弄一些"污垢"。在这种情况下，需要使用棉棒蘸上含氯漂白剂，在想要做旧的地方轻轻点上。于是，就会发生氯化反应，待变成黑色后，就可以停止操作，并用水彻底清洗晾干，最后再用软布擦拭，完成处理。

图　**通过还原反应去除黑色污垢的方法**

之所以使用热水（60℃以上），是希望通过热量促进化学反应

避免银和铝箔直接贴在一起

注意烫伤。最好备双筷子，这样非常方便

糟糕，温度计碎了！

执笔：一色健司

　　过去，人们广泛使用将金属水银（液体）封入玻璃管的温度计作为体温计。这是由于水银体温有许多的优点，比如：测量结果准确，体积小，易于操作使用，并且还可以进行消毒。但是，另一方面，这种温度计也有自身的缺点，比如：使用的是玻璃，掉在地上容易摔碎；测量温度也需要等待一定的时间等。因此，现在的家庭一般都使用电子体温计替代水银体温计测量体温。医院等机构也正在推广使用电子体温计。

　　另一方面，在物理实验室和野外调查过程中，仍在广泛使用玻璃管温度计。这是因为玻璃管温度计不需要电源，只要不打碎就不易损坏。虽然还没有精确的统计，但是，大约一半的玻璃管温度计都是水银温度计（剩下一半是"酒精"温度计）。

　　关于水银温度计中使用的水银量，在通常的实验用水银温度计中，大约是2g，在体温计中，大约是0.8g～1.2g。

●水银的危险性

　　人如果吞服液体金属水银，那么，它几乎不会被人体消化吸收，而是直接以粪便的形式排泄出体外，不会对身体造成危害。此外，如果只是一次性吸入室温条件下金属水银蒸发的蒸汽，那么，不会立即出现症状。但是，如果持续吸入水银蒸汽，就会对人体的呼吸器官、肾脏、中枢神经系统、消化器官等造成大范围伤害。因此，在处理水银的作业场所，需要将空气中的水银浓度控制在 $0.025mg/m^3$（容许浓度）以下。

如果将盛装金属水银的容器打开放置在室温（20℃）条件下，就会发现与水银接触的空气中，每立方米内就会含有13mg的水银蒸汽。该浓度远远高于容许浓度，因此，敞开盛有水银的容器，或者长时间逗留在大量水银洒落的房间内，对我们而言都是非常危险的。

●如果打碎水银温度计的话

金属水银是表面张力非常大的液体，因此，从打碎的温度计中漏出的水银会变成小水珠状，到处滚动。

首先，请尽量收集溅落的水银。一般来说，需要在地板上仔细搜索。实际上，可以拆下不用的废旧电源线的铜芯线，将其作为扫帚使用。在处理时，用铜芯线将小水银粒珠聚成大粒珠，最后将其捞起来。为什么用铜线呢？这是由于铜易溶于水银，铜线表面容易被水银粘上。

在处理完毕后，要将收集时使用的铜线的两端、收集到的水银以及打碎的温度计一同放入可以封闭的容器中，进行集中保管，必须将含有水银的垃圾单独分离出来，进行废弃处理。绝对不能埋在家中的院子里。

当无法或者可能无法找到溅落的所有水银时，应该如何处理呢？在这个阶段，水银恐怕已经蒸发了，因此，应该对房间进行充分换气，将剩余的水银变成蒸汽排放到户外。水银蒸汽比空气重，因此，需要持续进行排气，直至地板附近的空气被排到户外为止。

硬币中的金属

执笔：左卷健男

日本的硬币面额包括：1日元、5日元、10日元、50日元、100日元以及500日元等6种。

● 1日元面额的硬币是100%纯铝制的

其中，只有1日元面额的硬币是由1种金属制成的。1日元硬币是由纯铝制成的。除此以外，都是在某种金属的基础上，加入其他金属，熔炼而成的合金。

铝是一种质量轻并且柔软的金属，是将从铝土矿中提炼的钒土（氧化铝）熔化后，进行电解得到的。铝经常被用于铝箔等家庭用品和窗框等建材中。

据称，制造一枚面额1日元的硬币大约需要3日元的成本。

铝具有易与水和氧气等各种物质发生反应的特性。在空气中，铝的表面容易被氧化，形成一层精细的氧化铝膜。这层氧化物的膜对内部具有保护作用，之后，铝就不易再发生其他氧化反应。由此可见，虽然铝的化学属性是容易发生反应的，但一旦经过反应后就变得不易破损了。

● 5日元面额以上的硬币全部都是铜合金

使用合金制造硬币，会使得硬币非常结实。由于合金的材质不同，硬币的颜色也各不相同，因此，一眼看去就可以分得清清楚楚。

根据材质不同，硬币的导电性也会发生变化。因此，自动售货机识别起来就相对比较容易。当硬币使用复杂的材质时，一般不易被伪造。

铜和锌的合金是黄铜，用来制造面额5日元的硬币。金属管弦乐器和家具等也会用到黄铜。黄铜不易生锈，色泽呈金黄色，非常漂亮，因此，适合用来作为装饰用具。

铜和锡的合金是青铜，用来制造面额10日元的硬币。

铜和镍的合金是白铜，用来制造面额50日元和100日元的硬币。

面额500日元的硬币，与古巴的5比索硬币、瑞士的5法郎硬币一样，是世界上面值较高的硬币。1982年至1999年间，发行的面额500日元的硬币是白铜制造的。但是，随后发生了诈骗事件，不法分子将韩国发行的面额500韩元的硬币（在当时的汇率下相当于50日元）改造成面额500日元的硬币，并在自动售货机上使用，从中谋利。因此，自2000年开始，日本改用现在的镍黄铜制造500日元的硬币。

表　**日本的硬币**

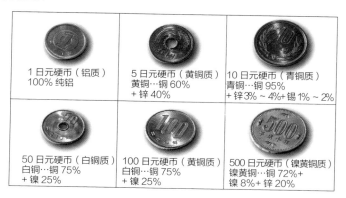

| 1日元硬币（铝质）100% 纯铝 | 5日元硬币（黄铜质）黄铜…铜60% + 锌40% | 10日元硬币（青铜质）青铜…铜95% + 锌3%～4%+ 锡1%～2% |
| 50日元硬币（白铜质）白铜…铜75% + 镍25% | 100日元硬币（黄铜质）白铜…铜75% + 镍25% | 500日元硬币（镍黄铜质）镍黄铜…铜72%+ 镍8%+ 锌20% |

垃圾堆里有矿山

执笔：一色健司

　　我们大量生产并使用的工业产品中使用了许多稀有金属。20世纪80年代，日本东北大学选矿冶金研究所的南条道夫教授等将地面上堆积的含有上述稀有金属的工业产品视为可再生资源，并将堆积这些产品的场所称为"城市矿山"。

　　由于城市会大量使用并报废工业产品，因此，科学家们才将城市本身视为矿山。从废弃物中提炼稀有金属并进行循环利用，对于有效利用有限的资源和稳定提供资源是极为重要的。可以说，城市矿山这个词形象地表现了稀有金属资源的可再生利用。

● 日本城市矿山的储量

　　城市矿山的储量，也就是现在的使用量和已作为废弃物进行处理的数量相加的总量，可以通过金属资源的流通量进行推算。2008年，日本独立行政法人物质和材料研究机构对日本国内的城市矿山中稀有金属的储量进行了估算，结果发现这一储量非常惊人，甚至可以与世界上为数不多的资源大国相匹敌。

　　2013年时，日本开始施行稀有金属含量较高的小家电产品可再生制度。大家可能都见过手机、游戏机和数码相机等的回收箱。2016年，人们热议的话题之一就是，日本计划充分利用废旧家电中含有的金和银，用来作为2020年东京奥运会和残奥会的奖牌材料。

●城市矿山的有效利用需要？

在日本国内，积极推进城市矿山有效利用的自治体和学者越来越多，但是，从整个日本来看，无论是回收量还是资源循环利用量都并未出现显著增加的情况。

在小家电可再生制度正式实施之前，废品就是铁、铜和铝等原料的重要供给源，在制度实施之后，其再生循环利用也进展顺利。之所以会这样，是因为上述原料的利用量比较大，几乎是在纯物质状态下使用，并且，易于从其他物质中分离出来，从性价比的角度来看，有利于实现再生循环利用的缘故。另一方面，目前在有效利用稀有金属方面，许多时候利用效率与储量并不相符。这是因为废品的质量（浓度、所含物质）存在差异，从技术层面来看，分离它们非常困难。

但是，关于资源量有限的稀有金属，从战略性保护资源的角度出发，是需要再生利用的。从实现再生循环利用社会的角度来看，即使不是上述金属，也有必要耗费一定程度的成本，完善再生利用系统，并研发专门用于城市矿山的技术。

表　金属的再生利用状况（2014年度）

金属	再生资源重量
铁	20 124吨
铝	15 271吨
铜	11 121吨
不锈钢和黄铜	991吨
金、银、钯	1.7吨
其他	4 879吨

摘自：环境省《小家电再生利用制度的实施情况》

塑料瓶的再利用大反转

执笔：池田圭一

　　如果说起再生利用率较高的饮料容器，大家肯定会想到不锈钢罐、铝罐，紧随其后的就是聚酯瓶。作为《容器再生利用法》中规定的回收对象，聚酯瓶的回收率达到了94%。回收后的聚酯瓶后来变成什么了呢？在回答这一问题之前，我们一起了解一下聚酯瓶的真实情况。

　　聚酯瓶中的"PET"是指"聚对苯二甲酸乙二醇酯（Poly-Ethylene Terephthalate）"，这是一种名字非常拗口的塑料。在日本国外，它被直接称为塑料瓶。如果用稍微熟悉一点的词来替代"PET"，我们可以将其称为一种"聚酯"。它是由具有一定结构的分子像锁链一样链接起来形成的，在常温条件下，呈无色透明状态，质硬，当温度超过80℃时，会逐渐变软。

图　**聚对苯二甲酸乙二醇酯的结构式**

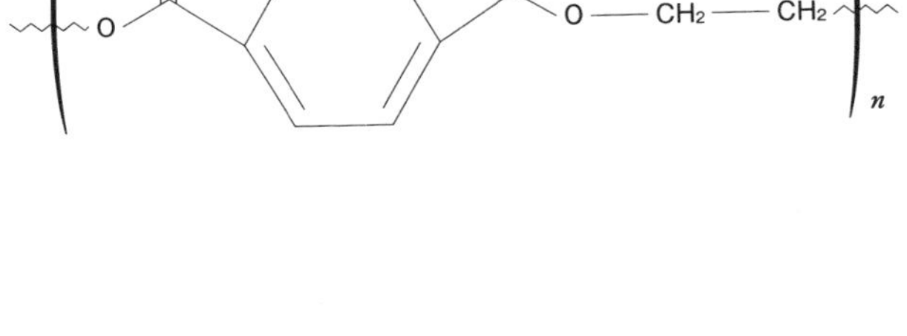

图　**再生利用标志**

在根据《容器包装再生利用法》被
列为回收对象的聚酯瓶上，标注有
再生利用标志。

● 聚酯瓶的再生利用是指？

　　那么，回收后的聚酯瓶后来会经过什么处理呢？由于聚酯树脂
"耐热性差""容易损伤""耐药品性并不强"等特性，因此，目前
几乎没有实现对聚酯瓶进行清洗和杀菌处理，并再次作为瓶子使用的
再生利用法。通过化学处理将聚酯瓶分解为原料，并再次将聚酯树脂
制成聚酯瓶的化学再生利用法约占1%，将聚酯瓶粉碎，作为聚酯纤维
用于衣服和皮包原料的再生利用法约占20%。剩下的就是作为燃料使用
（燃烧）的热再生利用法，以及作为某种再生原料出口的部分。人们
往往认为聚酯瓶是适合再生利用的材料，但是，目前的状况是，在日
本国内，聚酯瓶并未像不锈钢罐和铝罐一样得到充分利用。

图　**聚酯瓶的原料再生利用法**

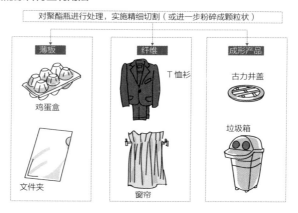

170

填充泡沫的去向

执笔：左卷健男

　　发泡聚苯乙烯是将聚苯乙烯放入模具中，膨胀大约50倍制成的。也就是说，它大部分是由气体构成的。发泡聚苯乙烯非常轻，但很结实，因此，被广泛用于家电产品的包装材料等中。我们经常见到的是鱼缸和家电产品的包装中使用的减震材料以及超市中的整理箱。可以毫不夸张地说，发泡聚苯乙烯在水产、农业、海上休闲、土木工程以及住宅等各种各样的领域发挥着重要的作用。

　　但是，通常在用完一次后，它们就会被我们直接丢掉，成为半永久性垃圾，由于其体积庞大，因此，作为废品非常难处理。在运输时相当于带着空气到处跑，需要进行不燃物处理，运输成本也相当惊人。关于发泡聚苯乙烯的循环利用，目前采用的方法主要包括：在废品产生的现场进行处理的方法，以及使用卸货后的返程卡车运送至处理设施进行处理的方法。

　　在废品产生现场进行处理时，需要缩减体积（减容），通常会使用"加热压缩"或者"溶于溶剂"的方法。

●发泡聚苯乙烯的三种再生利用方法

　　根据2005年的统计数字，日本发泡聚苯乙烯的出货量大约为14万吨，回收量约为12.74万吨。也就是说，90.2%会被回收利用。

　　关于发泡聚苯乙烯的再生利用，现在主要包括三种方法。

一是材料再生利用法。

作为塑料的原材料实施资源再利用，在塑料产品等领域实现循环利用。

二是化学再生利用法（广义的材料再生利用法）。

加热、加压，作为气体和油，实现资源再利用，在燃料等领域实现循环利用。

三是热再生利用法（广义的材料再生利用法）。

通过燃烧产生高热能，在发电等领域实现循环利用。

在材料再生利用法中，通过"加热压缩""溶于溶剂"等，可以将发泡聚苯乙烯的体积从1/50缩减至1/100。形成扁平年糕状的被称为"铸锭"的聚苯乙烯块，为了便于加工，再将其切割为小球状，然后，将其制成文具或合成木材等产品，或者制成再生发泡聚苯乙烯，充分发挥其作用。

在这些通过再生利用法回收的90.2%的发泡聚苯乙烯中，使用材料再生利用法和化学再生利用法回收的占56.2%，使用热再生利用法回收的占34.0%。

图 **发泡聚苯乙烯的特征**

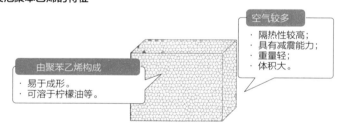

●聚苯乙烯可溶于橙皮汁

有时，人们会将聚苯乙烯做的容器放置在餐桌上。在这种情况下，一旦将橙子皮的汁液溅到容器上，就会导致容器溶解，因此，需要特别注意。在橙子、蜜橘、夏橘以及三宝柑等柑橘类水果皮的汁液中含有柠檬油。柠檬油可以有效溶解发泡聚苯乙烯。

你真的会用电池吗？

执笔：嘉村 均

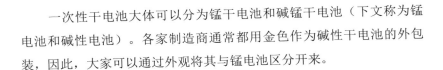

一次性干电池大体可以分为锰干电池和碱锰干电池（下文称为锰电池和碱性电池）。各家制造商通常都用金色作为碱性干电池的外包装，因此，大家可以通过外观将其与锰电池区分开来。

●锰电池和碱性电池的区别

与锰电池相比，碱性电池的特征是可以在大电流状态下持续使用，适用于手机的电池充电器和迷你四驱车、强力手电筒等。

碱性电池的内部结构与锰电池不同。碱性电池中间的集电极变为负极，将锌粉溶入氢氧化钠水溶液中作为负极合剂，形成黏糊状物质填充至其周围。由于负极合剂具有强碱性，因此，一旦泄露接触人皮肤，就会腐蚀皮肤导致人受伤，如果不慎进入我们眼睛，还会导致我们出现视力障碍的危险。因此，如果是按照通常方法使用碱性电池，需要认真进行封装，避免泄露。

●容易发生漏液的状况是指什么？

但是，做到了上述的使用方法，也并不意味就不会发生漏液或破裂的事故。

例如：在使用多个电池的设备停止运行时，由于只更换了一半的新电池就继续使用，导致旧电池超出容量进行放电。或者，在插入多个电池使用时，将其中一个电池的方向插反，导致电池产生过度的逆电流。

　　如果按照上述方法使用，电池内部就会产生氢气，从而造成内部压力升高，有时可能导致负极合剂的液体泄漏。因此，现在的情况是，碱性电池比锰电池更容易发生液体泄漏。可以说，我们要尽量避免不管不顾地将碱性电池放在设备中长时间使用，这样才能确保我们的安全。在发生漏液的情况下，应将电池放入塑料袋中，并扎紧袋口，根据各地区规定的方法进行报废处理。应注意避免擦拭漏液，或者用手接触漏液。

　　此外，近年间，各企业也开始生产与以往相比在结构上防漏性更强的产品，并上市销售。例如：富士通株式会社的"遥控用干电池"、麦克赛尔株式会社的"VOLTAGE"、松下株式会社的"干电池EVOLTA"。

图　**电池的基本结构**

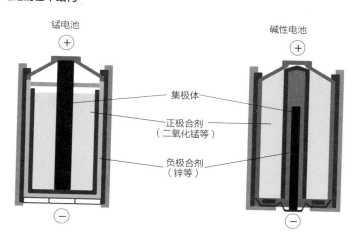

常用的锂离子电池究竟是什么？

执笔：嘉村 均

作为便携式设备的充电电池，过去一般都使用镍镉蓄电池。现在，人们逐渐开始推广使用镍氢蓄电池和锂离子电池来替代镍镉蓄电池。特别是锂离子电池，作为手机和数码相机等的电池，已经越来越为大家所熟悉。

● 锂离子电池究竟是什么？

锂离子电池的正极一般使用钴酸锂，负极一般使用石墨（黑铅）。

在充电时，从正极向电解液中释放出作为正离子的锂离子，之后，锂离子穿过分隔正极部分和负极部分的分离器，流向负极。从原子层面来看，负极中使用的石墨是由碳原子形成的像蜂窝一样的平面状薄膜堆积起来的结构。锂离子就穿插在这些薄膜的缝隙间。在放电时，会发生相反的作用，锂离子由负极向正极移动。如上所述，锂离子在电池内部像钟摆一样摆动，借此反复进行充电和放电，实现作为电池的功能。

● 锂离子电池究竟方便在哪？又存在哪些弱点？

与其他电池相比，锂离子电池的体积小，质量也轻。与镍氢电池相比，在能量容量方面，无论是单位质量还是单位体积，锂离子电池都要更好一些。此外，镍氢电池在放电过程中，如果突然暂停并接着充电，下次放电时的容量就会变小，这就是所谓的记忆效应；但是，锂电池是不会出现这种问题的。

　　锂离子电池的标称电压为$3.6V \sim 3.7V$，是镍氢电池的3倍左右。因此，不能像镍氢电池那样替代五号电池。由于锂离子电池的价格较高，因此，其适合用于即使花成本也要力争实现小型、高性能的便携式信息设备中。此外，在过度充电的情况下，如果发热或者内部发生异常反应导致破损的话，电解液中使用的有机溶剂可能会向外飞溅。因此，应在内部设置有多重安全机制。我们还要花费大量精力进行研究，确保当温度异常升高时，电池可以停止运行，并且设置了保护电路。具有这种机制的锂离子电池组，往往需要与使用其的设备相配套，由电池制造商确定尺寸和容量进行设计制造，并贴上客户商标供货。

图　**锂离子电池的原理**

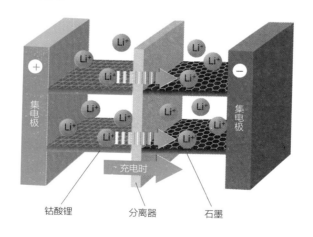

钴酸锂　　　分离器　　　石墨

"LED"是节能照明的终极武器吗?

执笔：池田圭一

LED（发光二极管，Light Emitting Diode）的节能效果较高，被视为新一代照明的主流，因此，它备受关注。

LED的实体是电流流过时会发光的半导体，可以将电子能直接转化为光，效率非常好，并且不会消耗物质，因此，元件可以半永久性使用。使用的半导体主要由镓、氮、铟、铝、磷等2～4种化合物构成，根据材料不同，光的颜色也各不相同。关于其产生的光，基本都是单色，红色材料产生的就是红光，绿色材料产生的就是绿光，几乎不含有发热的红外线和有害的紫外线。

●从蓝色LED开始越来越普及

1993年，日本发明了可以发出蓝色光的LED，这是LED首次用于照明。在此之前，LED只能发出红色或黄绿色的光，在出现发出蓝光的LED后，真正凑齐了三原色（红、黄、蓝），LED才开始变得能发出白光。

虽说如此，普通的灯泡型LED等现在用于照明的白色LED，一般都使用黄色荧光体覆盖蓝色LED。蓝色光和黄色光混合在一起，给人眼的感觉就是白色（实际上，稍稍有点儿蓝白色的感觉）。通过调节荧光体发出的颜色，可以实现像白炽灯泡那样略微发出橙色光的灯泡型LED。由于该类LED的荧光体有使用寿命（亮度变为一半左右时）

177

限制，因此，在使用4万小时左右（连续使用10年，每日使用10小时）后，就需要进行更换。此外，由于照射方向受限，并且不含红色光，因此，会缺乏彩色再现特性，这是其在照明方面的弱点。

图　LED发光的原理

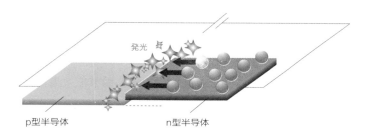

发光

p型半导体　　　　　　　　n型半导体

LED是由p型和n型两种半导体组装而成的。由于电子能的能级不同，在通过不同半导体之间时，多余的能量会变成光。

虽然LED被视为节能照明的利器，但是，将电力转化为光的效率还是无法赶上荧光灯。由于荧光灯中要使用水银，因此，大家都敬而远之，它也逐渐远离了家庭用照明器具的行列。目前，业界正在将家庭用照明设备加紧推进向LED照明。

图　白色LED的基本结果

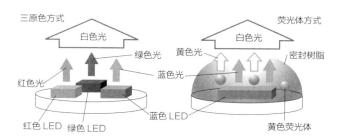

三原色方式　　　　　　　　　　　　　　　荧光体方式

白色光　　　　　　　　　　　　　　白色光

绿色光　　　黄色光　　　　　密封树脂
蓝色光
红色光
　　　　　　　　　　　蓝色 LED
红色 LED　绿色 LED　　　　　　　　　黄色荧光体

在荧光体方式下，使用黄色荧光体覆盖蓝色LED的周围。由于密封树脂和荧光体并不耐热，因此，随着不断使用会逐渐老化。

揭开电气石的真面目

执笔：左卷健男

所谓的电气石其实是一种矿物质，属于硅酸盐矿物，通常用 $NaFe_3Al_6（BO_3）_3Si_6O_{18}（O,OH,F）_4$ 或 $CaMg_3（Al_5Mg）（BO_3）_3Si_6O_{18}（OH,F）_4$ 等表示，其成分和颜色各不相同。电气石矿石中美丽的部分变成了宝石，是10月份生日的人的生辰石。

电气石具有压电效应（施加压力后产生电压的性质）和热电效应（加热后带电的性质），因此，在日本它才被称为电气石。

由于具有热电效应，当气温升高时，电气石中就会产生"+"和"－"的静电，从而吸附大量灰尘。

由于拥有这种电气特性，因此，它可能给人一种错觉，有的人认为其具有特殊功效，甚至出现了"电气石是能够产生负离子的能量石"的虚假宣传。

●负离子与能量石

在日本初中和高中的物理课本中，会接触到"离子"的概念。

例如：食盐的主要成分氯化钠就是由阳离子钠和阴离子氯化物离子构成的。将食盐溶解在水中，钠离子和氯化物离子就会在水中分解，单独存在。

负离子与氯化物离子等阴离子不同，在科学术语中，并没有负离子这个词。如果非要用科学术语表示，意思最相近的可能就是大气离子了。

但是，通过电视节目的宣传，在日本掀起了一股追捧负离子的热潮，比如说吸入负离子有益健康，对于遗传性过敏和高血压具有神奇效果等。人们纷纷传言电气石具有生成负离子的特性，开始销售含有电气石成分的手链、枕头、床垫等。甚至还有人相信将电气石放入水中，可以改善水质。在这种氛围下，电气石被吹捧成为具有某种特殊力量的能量石，还被当作护身符销售。

商家们不断扩大宣传效应，声称在某种水处理设备中放入电气石后，经过过滤的水就会变成特殊的水，从而具有神奇的效果。比如：注入暖气片中会提升燃烧效率；具有超群的清洁能力，可以不用洗涤剂洗车；具有重油分解能力；饮用后促进健康等。电气石水制水装置，与离子交换树脂配套销售时，最高售价达到了200万日元（约等于12万人民币），令人瞠目。

但是，至今没有任何证据能够证明电气石有助于人体健康，能够帮助精神和肉体放松，或者消除疲劳。此外，通过电气石的水会变成对人体健康有益的水，或者是清洁能力超强的水这类说法，也只不过是谣言而已。

照片　**各种电气石**

电气石的种类多种多样，其中，不乏造型漂亮的精品，因此，常被用作装修的墙面背景或饰物。但是，没有任何证据可以证明电气石具有促进健康和净化水的效果。

钛锗首饰真的能起到保健作用？

执笔：左卷健男

有时我们会看见职业运动员佩戴着含有钛或锗元素的手环和项链，它们有些呈带状。在销售这类产品的公司的广告中，也有许多运动员进行代言宣传。近年来，钛和锗开始逐渐应用在美颜滚轮中。

● 所谓的钛是指什么？

钛是银白色的金属，密度（平均单位体积的质量）介于铁和铝之间，大约是铁的60%。在相同质量下，对比机械强度时，会发现钛大约是铁的2倍，是铝的6倍，可以说是一种质量相对较轻的硬金属。此外，钛还具有"不易生锈"的特性，因此，在日常生活中，它常被用来制造高尔夫球杆、眼镜、手表等。

图　使用钛的实例

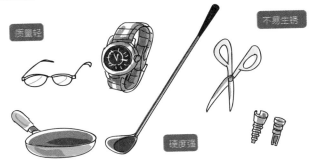

不仅如此，钛元素几乎不会对我们的皮肤造成刺激，不易引起金属过敏，因此，常被用于直接接触皮肤的产品、医疗用品中的人造关节以及牙颈的植入物等。

● 锗及其使用方法

锗具有银白色的金属光泽，但是一种质地较脆的固体，并不是金属。它作为半导体的材料而广为人知。

2009年，日本国民生活中心实施了一项调查，选择市场上销售的12个品牌的号称有益健康的锗手环作为研究对象。结果发现，在手环的环带部分并不含有锗元素，其中7个品牌在黑色或金属颗粒部分含有微量的锗元素，有些品牌甚至根本就不含锗。

锗手环最大的问题是宣传的健康效果并没有科学依据。那些关于锗手环对健康有益的说明基本都是噱头，比如："释放出负离子，负离子可以发挥作用，有效舒缓身体疲劳""可以调节接触部位的人体电流流向，有效改善身体疲劳状态"等，这些都不是科学结论，完全没有医学依据。

● 运动员佩戴这些饰物的原因

作为职业运动员，都有一些迷信心理，总想讨个吉利。通过在身上佩戴吉祥物或饰物，来集中注意力或驱散紧张情绪，这样一来，整个人就会稍微平静下来，对整个心理状态是有益的。然而，这并不意味着钛和锗对人体健康有益，只是运动员个人心理层面的问题。

并不是所有温泉都能养生

执笔：山本文彦

日本是世界上首屈一指的温泉大国，尤其是拥有被称为"放射性温泉"的特色温泉。日本的三朝温泉、有马温泉、增富温泉等都是历史上久负盛名的放射性温泉，每到假期，这些地方总是有大量的游客光临，非常热闹。关于放射性温泉的定义，一般是指"每千克温泉水中含有111Bq以上的氡元素的温泉"。

镭是天然存在的放射性核素，氡是镭生成的气态放射性核素。位于地下深处的镭和氡溶于地下水，并作为温泉涌出，就形成了放射性温泉。

● 镭温泉的放射性

那么，这些温泉就不会带来放射性辐射的负面影响吗？根据某资料记载，放射性级别最高的温泉，其平均辐射量为1700Bq/L。如果按照连续1周每天泡3次温泉每次泡1小时进行计算的话，人体内和体外遭受的总辐射量大约为0.027m/Sv（m/Sv：毫西韦特，是从对人体影响角度衡量放射线辐射量的单位）。

我们无论在地球的哪个角落，每年受到的自然放射线辐射量平均都要达到2.4m/Sv。上述辐射量相当于我们4天所受的自然放射线辐射总量。

镭温泉的放射性真的没问题吗？要想搞清这一疑问，实际上就是要权衡到底是选择规避比别人多受4天辐射的风险，还是选择泡在温泉中享受放松的快感？可以说，喜欢泡镭温泉的人都是认为享受快感要重于承担风险的。

● 让人介意的低剂量辐射和防辐射方法

有些学者提出一种观点叫作辐射兴奋效应，认为"少量的放射线刺激有益于激活人体免疫功能，对健康大有裨益"。人们从流行病学和科学角度展开了实证研究，结果直至目前仍未证明低剂量辐射的有效性。

与之相对，也有学者认为存在一种旁观者效应，即使只是微量的放射线也会对细胞造成伤害，其对周边正常细胞的影响还会不断扩散，包括日本在内的各国针对防放射线辐射的基本考虑是一致的，那就是尊重国际辐射防护委员会（ICRP）的建议，在少量辐射也可能导致危险的前提下考虑防辐射问题，这是目前达成的世界性共识。

无论如何，在目前仍有许多不明之处的情况下，我们应在明确少量辐射也可能导致危险的前提下，在风险与受益的天平前做出慎重的选择。

图　风险与受益

遭受辐射的风险　温泉的益处

美容院里的"化学焕肤"是什么？

"Peeling"的英文原形是"Peel"，本来的意思是"剥皮"或"剥离"。

化学剥脱术是一种美容方法，通过使用乙醇酸和水杨酸，缓解皮肤表面角质细胞间的粘连，去除积累在角质层中的极薄角质。因此，有许多爱美人士选择接受剥脱术美容，希望达到促进新陈代谢，去除皮屑，清理毛孔角栓，恢复紧致有弹性皮肤的理想效果。据说，化学剥脱术还有激活皮肤的效果。

根据相关网络资料的说明，在接受化学剥脱术后的2小时～3个小时内，患者皮肤会有红肿和灼热感，个别敏感人群可能会持续1天左右。在这种情况下，需要通过低刺激性的化妆水对皮肤进行充分补水。

● 果酸是指什么

化学剥脱术中使用的酸类也被称为"果酸"，是由水果和甘蔗等天然植物中含有的有机酸构成的。具体来讲，果酸包括乙醇酸、水杨酸、柠檬酸、苹果酸、酒石酸以及乳酸等中的任意一种，或者多种酸类的化合物。其中，使用最多的就是乙醇酸（羟基醋酸，$CH_2OHCOOH$）。我们使用这些"酸"的目的就是用它们腐蚀我们的皮肤，方便进行皮肤剥脱。

●由于乙醇酸导致受伤

目前市场中在售的，不仅有适用于美容沙龙的专业产品，还有在家中就可以轻易进行操作的化学剥脱剂。但是，令人遗憾的是，出现了"皮肤损伤"和"烧伤"的受伤报告。当药液进入人眼中，还会对我们的眼角膜造成不良影响。即使不发生这么严重的问题，仅是红肿、疼痛和结疤的病例就够令人挠头了。也有医生表示，与欧美人相比，日本人的皮肤更为敏感。

2000年11月，日本厚生劳动省向日本医生协会和各都道府县发布通知，规定"化学剥脱术是只有医生才能实施的'医疗行为'"。根据接触时间和女性月经周期不同，化学剥脱术中使用的酸的种类、浓度和pH值等，对皮肤的渗透性也各不相同。例如：pH值越低，酸性就越强，向皮肤的渗透率就越高，对皮肤造成的负担就越大。

化学剥脱术与"黄瓜面膜"等是完全不同的。为了更为安全地实施剥脱，应在充分了解每个人皮肤差异的基础上，选择适合的治疗方法，这一点非常重要。如果希望接受剥脱术治疗，建议您前往医院由具有专业知识的医生进行诊断，并研究是否使用安全并且更为有效的"医疗剥脱术"。有一点需要特别指出，出于美容目的而进行的医疗项目的花费，在日本是不能纳入医疗保险报销的。

图　　乙醇酸的结构式

图　　水杨酸的结构式

"洗净"的衣服会烧伤皮肤?

执笔：中山荣子

"化学烧伤"是指酸、碱、金属盐以及有机溶剂等接触皮肤，导致的皮肤烧伤，因此，这种病症属于接触性皮炎的一种。这些化学物质在接触皮肤时，会与皮肤的蛋白质相结合，慢慢发展为深度烧伤。

这种皮肤烧伤与皮肤接触了高温物体时发生的烫伤的性质，也就是由于热作用导致人体组织发生障碍的烫伤是完全不同的。

●化学烧伤的诱因

化学烧伤一般发生在操作化学药品的工作场合，或者在使用漂白剂和洗涤剂等对皮肤刺激性较强的清洁用品的家庭，这一点不难想象。我们当然应该避免直接接触这些刺激性物质，但是，同时还有一些我们容易忽视的事项必须给予充分注意。其中之一就是干洗。一提到这个问题，您可能会认为干洗是用来帮助我们去除衣物中残留的染料等污渍的有效方法，为什么会导致皮肤烧伤呢？

干洗中的"洗"并不是真地用水去清洗，而是使用有机溶剂代替水对衣物进行清洗。使用这种方法，不易导致衣服掉色或走形，并且可以有效去除衣物上的皮脂等油脂和污渍。但是，干洗是无法去除汗渍等水渍污垢的。

●我们经常使用的石油类溶剂

干洗中使用的溶剂包括氯类、石油类、氟类以及硅类溶剂。

在衣服的洗标上，我们经常会看见"F"或"需要石油溶剂干洗"的字样，无论哪种标志，都意味着需要使用石油溶剂，也被称为洗涤溶剂，其一般由n-石蜡、iso-石蜡、环烷以及芳香族等构成。石蜡是一种碳氢化合物，是碳原子数在20个以上的烯属烃基（C_nH_{2n+2}）的总称。石蜡在与"iso"结合后，分子中会出现分支。环烷是拥有环状结构的饱和碳氢（C_nH_{2n}）的总称。根据国民生活中心接到的报告，曾发生过干洗后衣服内残留石油溶剂，导致人皮肤发生化学烧伤的事故。

●日本国民生活中心的报告

关于皮肤病，由裤子引发的症状令人印象深刻。这是由于裤子属于贴身衣物，多与皮肤接触紧密，并且容易残留溶剂。2006年，日本国民生活中心发布报告对外强调"穿着裤子导致化学烧伤、皮肤病等危害信息的数量呈现出逐年减少的趋势"，但是，"当闻到石油气味时，请勿穿着"。

我们洗涤后取回的衣服，打开包装袋后，如果闻到里面有溶剂的臭味（恶臭和刺激性臭味），请立即与干洗店联系。即使没有臭味，也要在通风较好的场所充分晾晒。我想肯定会有不拆开袋子直接放起来保存的人，在这种情况下，衣物容易出现溶剂残留、褶皱和变色等问题。

在穿着裤子时，如果感觉皮肤不适，比如："扎得慌""刺痛"等，应立即脱下，用温水充分清洗。如果出现皮肤红肿或水泡等，应立即前往皮肤科就诊。

优点很多的碳素纤维

执笔：嘉村 均

　　"碳素纤维"，又称"碳纤维"，是几乎只以碳素为成分的无机材料纤维，具有与石墨相似的结晶结构，质轻，化学性质稳定。此外，在同等质量条件下，与其他材料相比，具有不易断裂（高强度）、受力不易变形（高弹性系数）等特点。

　　碳素纤维大体可以分为两类。PAN 类碳素纤维主要以聚丙烯腈纤维为原料。沥青基碳素纤维主要以煤炭或石油中提取的重质残油（煤焦油、柏油）为原料。无论哪种，都要对原料进行碳化处理，形成碳素纤维。在实际生活中，往往根据纤维长度和弹性系数等特性差异，区分使用。

●与其他物质混合使用

　　人们几乎不会单独使用碳素纤维，大都将它与塑料、陶瓷、金属等材料相混合，作为复合材料使用。

　　例如：人们逐渐用碳素纤维的复合材料作为制造飞机的机体材料使用。在空客和波音的最新型客机中，机体和主翼等的构成材料大量使用了碳素纤维。这样做对有效降低飞机的耗油量，增加续航距离做出了重要的贡献。

　　此外，在运动领域，碳素纤维广泛应用于需要兼顾重量和硬度两个重要属性的运动用具中，比如网球拍、撑竿跳的撑竿、滑雪杖以及高尔夫球棒的长柄等。

干燥剂家族集合！

执笔：大庭义史

干燥剂和除湿剂是用来吸收水分的物质。我想大家都曾经看见过，与海苔和饼干等食品及精密电子设备放在一起，或者放在壁橱和鞋柜中用来除湿的干燥剂和除湿剂。干燥剂和除湿剂的主要功能是预防潮湿导致的家具、墙面等用品老化、分解和发霉。干燥剂和除湿剂大体可分为硅胶（二氧化硅）、生石灰（氧化钙）和氯化钙等三类。

● 成分和使用方法不同的三种干燥剂

硅胶中含有极细的小孔，水珠会吸附在小孔的表面和内部，从而作为干燥剂发挥功能。由于硅胶没有毒性，因此，硅胶是安全性较高的干燥剂。有些硅胶还含有氯化钴，在吸水后，会从蓝色变为粉色。

生石灰在干燥时呈白色颗粒状，吸水后会变化为粉末状的熟石灰（氢氧化钙）。此时，它会发热，体积膨胀3倍左右。因此，它如果被误食或者进入我们的眼中，可能会导致疼痛、溃烂、出血、失明等危险结果，需要极为注意。

氯化钙在干燥时是白色固体，但是，吸水后会变为液体。我们主要将它放在壁橱或鞋柜中用来除湿。其中的液体是氯化钙的高浓度溶液，如果沾到衣服或手上，会造成皮肤损伤和皮肤炎症，因此，也需要给予注意。

铁器伴侣

执笔：大庭义史

当铁处于潮湿状态或在湿气较多的地方放置时，就会生锈。生锈之后，锈渍不仅会侵蚀铁的表面，还会逐渐扩散至铁的内部。如果置之不理，最终会导致铁丧失硬度，变成锈糟。如果想阻止锈渍蔓延，需要立即除锈，这时就要用到除锈剂了。由于铁锈会溶于酸性溶液，因此，一般的除锈剂都是酸性的。

●酸性除锈剂和中性除锈剂

在酸性除锈剂中，无论是使用盐酸还是硫酸等强酸，都会在短时间内溶解锈迹。但是，同时也会溶解未生锈部位的铁，因此，在使用时应特别注意，避免过度浸泡。此外，盐酸和硫酸的刺激性非常强，会导致皮肤炎症等，在操作时需要特别当心。

此外，还有使用磷酸的除锈剂。磷酸不像盐酸和硫酸一样属于强酸，与强酸性除锈剂相比，它的除锈能力相对较弱。但是，磷酸却有抑制锈蚀扩散的作用。在溶解了锈迹的铁表面，会形成一层不溶于水的磷酸盐皮膜。

目前，在市场上，还有在售的中性除锈剂。其主要成分是巯基乙酸，它可以溶解锈迹。溶剂被使用之后，颜色会变为紫色，可以被轻松地识别出来。只是巯基乙酸是烫发药水中散发出臭味的物质，因此，在除锈作业时，会发出刺激性气味和恶臭，这是它的一个很大的缺点。最近，市场上也开始销售弱臭型产品。

使用除霉剂要当心！

执笔：大庭义史

　　霉菌是丝状结构的菌丝体聚积形成的，它通过孢子进行繁殖。由于霉菌喜欢高温潮湿的环境，因此，梅雨季节是霉菌繁殖的绝好时机。此外，浴室终年都是适合霉菌发育的温床，如果大家注意一下浴室瓷砖的接缝，就会发现里面有许多黑色霉菌，我想许多人都会有这样的经历。在这种情况下，就该除霉剂大显身手了。

●含氯除霉剂和无氯除霉剂

　　除霉剂大体可以分为含氯除霉剂和无氯除霉剂两大类。市场上销售的除霉剂基本都是含氯除霉剂，主要成分为次氯酸钠。含氯除霉剂与氢氧化钠等发生反应后会变为碱性，并保持稳定。在市场上销售的漂白剂中也含有次氯酸钠成分，可以有效杀死霉菌的孢子和菌丝，通过分解和漂白霉菌产生的色素，达到去除霉菌的效果。含氯除霉剂中一般都有"混用危险"的标识，一旦与酸性产品，醋、酒精等混合使用，就会生成有毒气体，因此，含氯除霉剂应单独使用。

　　无氯除霉剂中的主要成分是乳酸等有机酸，它主要利用乳酸的杀菌性，并且，不会出现含氯除霉剂那样的刺激性臭味。由于该类除霉剂不具有漂白作用，因此，在霉菌色素浸染的情况下，除霉后还需要使用刷子等进行擦洗，有时甚至会出现无法恢复原貌的情况。由于液体呈弱酸性，因此，它不能与含氯除霉剂同时使用。

白蚁再见！

执笔：大庭义史

众所周知，白蚁是一种害虫，会蛀食木质结构建筑和树木等。在日本国内，主要的蚁害多来自于家白蚁[①]和大和白蚁[②]，近年来，美国干木白蚁等外来物种逐渐泛滥成灾，带来了严重的问题。白蚁可以蛀食任何物质，不仅危害木质建筑和树木，还会损害书、文件、衣服、床单、地下通信光缆、电线等，因此，针对白蚁，需要进行专门的灭杀。

● 灭蚁药与农药相似

灭蚁药的有效成分与农药等杀虫剂相同。过去曾经使用过有机氯类农药氯丹和有机磷类农药毒死蜱。但是，由于氯丹具有强毒性，会长期滞留在环境中；毒死蜱的挥发性较强，是病屋综合征和化学物质过敏症（参照P16～P19）的主要致病因之一。因此，现在这两种农药都属于被管制对象，我们不能随意使用。现在使用的

---

① 家白蚁（Coptotermes formosanus Shiraki），白蚁的一种，属等翅目、鼻白蚁科。有翅成蚁体黄褐色，头褐色，翅透明，淡黄色。兵蚁头椭圆形，黄色，上颚发达，如镰刀状，黑褐色。腹部淡黄色。工蚁头圆形，淡黄色，腹部乳白色。蚁后无翅，头、胸、腹部红褐色，腹部发达呈筒状。
② 大和白蚁，白蚁的一种，体长5厘米左右，全身白色，主要蛀食湿木，分布在日本北海道南部以南和中国台湾地区。

灭蚁药主要是拟除虫菊酯和烟碱类农药。

●经常使用的两种灭蚁药

拟除虫菊酯类灭蚁药本来是除虫菊中含有的杀虫成分，现在使用的是经过结构改良的合成品，可以作用于白蚁等昆虫的神经系统，导致昆虫痉挛和麻痹，最终达到杀虫效果。该类灭蚁药药效发挥快，对人体的毒性较低，但是对鱼类的毒性较高，因此，我们应注意避免让其流入河流等会危害鱼类的地方。

烟碱类药物的结构与香烟中含有的尼古丁相类似，可以阻断昆虫正常的刺激传递，引起兴奋状态，最终达到杀虫效果。该类灭蚁药的药效发挥具有延迟性，对人体的毒性较低。此外，与拟除虫菊酯类灭蚁药具有"忌避性"（与药剂发生反应，利用气味驱虫）不同，烟碱类药物并不具有"忌避性"。因此，该类药物可以附着在白蚁身体上，用来将毒性扩散至其他的白蚁身上，有望实现更好的灭蚁效果。

图 苄氯菊酯（拟除虫菊酯类灭蚁药）的结构式

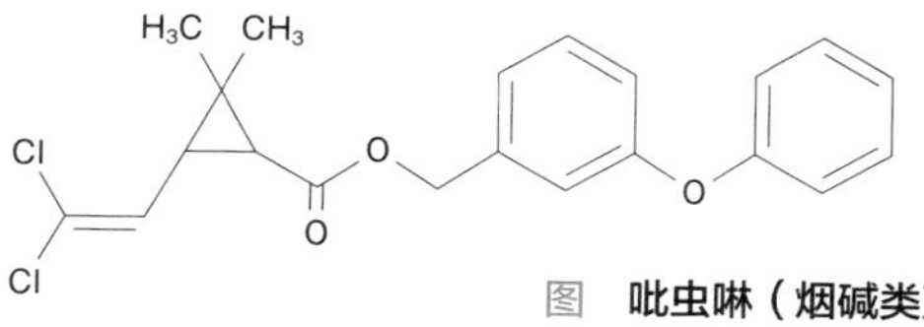

图 吡虫啉（烟碱类灭蚁药）的结构式

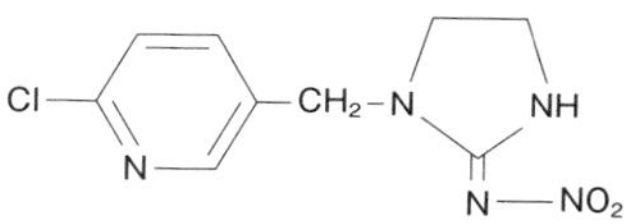

●使用时应充分注意

现在市场上销售的灭蚁药，使用的大都是充分考虑到人体安全性的杀虫成分，但是，这并不意味着就能实现100%的安全。我们在使用时，应先仔细阅读使用注意事项，确保充分理解说明内容后再用药。此外，根据白蚁的种类不同，驱虫的方法也各不相同。如果在充分考虑蚁害规模后，希望安全并有效地驱除白蚁，那么，我们建议应该向值得信赖的专家进行咨询，而不是非专业地自行处理。

后记

人类为了生存，同时也为了方便生活，会利用非常多的物质。自然界存在的物质、加工产品以及通过人工合成从其他物质中创造出的产品等，实际上多种多样，形形色色。

在日常生活中，我们没办法逐一了解身边每种物质的特性和特征。但是，有时，通过社会上发生的重大事件和人群中热传的话题，我们会突然想到某种物质的名称。在这种情况下，是觉得事不关己就毫不关心，还是希望利用这个机会去稍微了解一些知识，将决定我们对多样化物质特性和特征的敏感性是越来越强，还是越来越弱。

我们被如此之多的物质所包围，它们多种多样、各不相同，以至于难以针对所有物质，都能敏感地意识到其危险性和操作方面的注意事项。

日本的行政和相关机构就产品的制造和使用制定了各种各样的规定，以便帮助我们避免可接触物质带来的危险。可以说，在这些规定的保护下，我们不必逐一了解每个物质的危险性，大体上也能够实现安全放心地使用。

只是这些规定在多大程度上是合理的？利用的风险与受益比又该如何界定？需要我们特别注意。在遇到不知道名字的物质时，最好能够试着查一下，明确它具有怎样的性质，又有哪些利用规定？